제주
도시건축과
삶의 풍경

제주도시건축과
삶의 풍경

2014년 2월 14일 초판 1쇄 펴냄

지은이 | 김태일
펴낸이 | 허향진
펴낸곳 | 제주대학교출판부

등록 | 1984년 7월 9일 등록 제주시 제9호
주소 | 690-756 제주특별자치도 제주시 제주대학로 102
전화 | 064) 754-2275
팩스 | 064) 702-0549
http://press.jejunu.ac.kr

제작 | 디자인도도
주소 | 제주특별자치도 제주시 선반로 91-3
전화 | 064) 757-7180

ISBN 978-89-5971-098-0 93380

ⓒ 김태일, 2014

정가 18,000원

사전 동의 없는 무단 전재 및 복제를 금합니다.
잘못 만들어진 책은 바꾸어 드립니다.

이 도서의 국립중앙도서관 출판시도서목록(CIP)은 서지정보유통지원
시스템 홈페이지(http://seoji.nl.go.kr)와 국가자료공동목록시스템
(http://www.nl.go.kr/kolisnet)에서 이용하실 수 있습니다.
(CIP제어번호: CIP2014005377)

제주도시건축과 삶의 풍경

책을
출간하며 /
preface

2014년 신학기를 목전에 두고 새로운 주제로 책을 출간하게 되었다. 이번 출간도서의 제목은 「제주도시건축과 삶의 풍경」이다. 이번 도서출간으로 제주도시건축과 관련하여 총 7권의 책을 출판하게 되었다. 뒤돌아 보면 2005년 첫 제주도시건축과 관련한 도서를 출간하면서 많은 고민을 하였던 시기가 엊그제 같은데 벌써 10년이라는 시간이 흘렀다. 제주에 정착하면 생활하는 동안 제주의 도시와 건축과 관련하여 연구성과를 보여야 한다는 생각에 다소 설익은 연구결과의 글들을 정리하여 출간한 것이 아닌지 조심스럽게 반성도 해보곤 한다.

이번 출간도서 그런 것이 아닌지 부담스럽기는 하지만 시간이 지날수록 글의 내용이 시대와 맞지 않아 오히려 가치가 떨어질수 있다는 생각과 그래도 필자의 글을 읽어줄 분들이 계신다는 생각에 7번째의 제주도시건축관련 도서를 출간하게 되었다. 특히 이번 도서출간에 특별히 개인적인 의미를 두고 싶은 점은 제주대학교와 제주대학교 출판부에서 어려운 재정임에도 불구하고 칼라인쇄가 가능하도록 지원하였다는 점과 필자가 바라보는 제주도시건축의 생각을 좀더 구체적으로 정리하였다는 점에서 남다른 애착을 갖고 작업을 하였다.

이번에 출간하는 「제주도시건축과 삶의 풍경」을 통해 이야기 하고 싶은 것은 크게 4가지이다. 환경수도를 지향하는 「제주」를 더욱 의미있고 값지게 하기 위해서는 「도시건축」의 질을 높여야 한다는 점과 이를 통해 제주도민의 「삶」의 질이 높아진다는 점, 그리고 궁극적으로는 물리적 환경과 삶이 녹아 스며든 아름다운 「풍경」이 형성된다는 취지이다. 또한 세부적으로 다루는 소주제 역시 총 7개로 구분하여 제1장 도시건축의 패러다임 전환, 제2장 도시재생과 지역활성화, 제3장 도시건축과 생활환경, 제4장 변화되는 풍경과 개발 콤플렉스, 제5장 도시건축과 문화공간, 제6장 삶과 추억, 기억의 공간, 제7장 제주도시건축의 미래로 구성되어 있다.

모든 요소들이 별개의 것이 아니라 상호 연결되어 있는 사항들이다. 그렇기 때문에 도시건축과 관련한 개발사업을 할 때 좀더 먼 시각으로 많은 사항들을 고려하여 사업을 추진해야 하는 것이다. 그러나 제주사회의 현실은 그러하지 못하기 때문에 더욱 안타깝고 아쉬움이 남는 것이다. 필자의 글이 수준 높고 깊은 학술적인 내용을 담고 있는 것도 아니지만 필자가 제시하는 작은 생각들이 많은 사람들이 공감하고 행정의 정책에 반영되어 세상의 모든 사람들이 부러워하는 환경과 문화를 가진 지역으로 성장하기를 바라는 작은 소망이 담겨있다.

끝으로 이번 도서를 출간하기 위해 도움을 주신 제주대학교출판부 관계자께 감사드리고 번거로운 편집작업을 잘 처리해주신 출판사 도도 김훈상 대표에게도 깊은 감사의 말씀을 드린다. 그리고 묵묵히 지켜보며 아낌없는 격려를 해준 아내 노미현, 큰 딸 혜경, 작은 딸 소희에게 초라하지만 의미있는 도서출간의 기쁨과 감사의 마음을 전하고 싶다.

2014년 2월
아라골에서 김태일

목차 / contents

제1장　도시건축의 패러다임 전환

01	제주도민의 삶은 좋아졌는가!	012
02	왜 도시에 주목하는가!	014
03	도시계획의 신조류	016
04	환경과 사람중심의 도로계획	020
05	제주의 풍경과 경관론	022
06	지역공동체가 중요한 이유	026
07	마을만들기, 이제는 변해야 한다.	032
08	개발계획과 통계학	034
09	건축물 고도완화 신중해야 하는 이유	036
10	제주도의 특별함과 자치의 의미	039

제2장　도시재생과 지역활성화

01	제주시 원도심이 중요한 이유	044
02	제주시 원도심 마저 거들 낼 셈인가!	052
03	제주시 원도심 재생의 전략	055
04	제주시 원도심 재생에 서울북촌마을이 시사하는 점	059
05	서울 뉴타운과 제주의 올드타운	063
06	도시재생에서의 공공미술의 기능과 역할	066

제주
도시건축과
삶과 풍경

제3장	**도시건축과 생활환경**

  01 우리나라 도시계획과 생활공간의 위기 ········· 072
  02 지역만들기와 일본 유후인由布院의 시사점 ····· 074
  03 자연녹지지역은 개발대상 지역인가! ············· 080
  04 시민복지타운내 시청사부지활용 어떻게 할 것인가! ····· 083
  05 도시공원이 왜 중요한가! ································· 086
  06 녹색도시와 녹색농촌만들기 ··························· 090
  07 노면전차도입과 도시활성화의 가능성 ············ 095
  08 재난재해대응 시스템은 구축되어 있는가! ······· 098
  09 저출산 고령화사회에 대비한 생활공간 ··········· 100
  10 지역균형발전과 국제교류 클러스터 ··············· 104

제4장	**변화되는 풍경과 개발 컴플렉스**

  01 섬은 섬다워야 한다 ·· 108
  02 개발과 랜드마크 컴플렉스에 빠진 제주 ········· 112
  03 거대상업자본이 만드는
       랜드마크와 제주풍경의 변화 ························· 114
  04 제주의 스카이 라인과 해안선의 중요성 ·········· 120
  05 우도 연륙교 건설, 왜 하지 말아야 하는가! ······ 123
  06 유네스코 등재와 도로, 그리고 토목개발 ········· 131
  07 개발로 위협받는 한라산 ································· 136
  08 하천관리는 토목영역인가! ····························· 139
  09 도로건설의 패러다임 전환 ····························· 142
  10 자전거도로 이대로 좋은가! ···························· 145

목차 / contents

제5장 도시건축과 문화공간

01 제주도의 빈곤한 문화인식	150
02 제주건축에 문화적 가치를 입혀야 할때	154
03 카사델아구아 Casa del Agua의 보전논란을 보며	156
04 영화「건축학개론」의 카페 서연의 집이 보여준 건축의 문화자원 가능성	164
05 델픽Delpgic 제주마을의 부활을 꿈꾸다	171
06 설계경기 이제는 개선되어야 한다	174
07 김창열 제주도립미술관 가칭 설계경기가 보여준 한국건축계의 슬픈현실	178
08 제주전통건축 보존과 활용	186

제주
도시건축과
삶과 풍경

제6장	삶과 추억, 기억의 공간
	01 보이지 않는 도시 ········ 194
	02 왜 과거의 흔적을 지우려하는가! ········ 196
	03 건축물, 신축만이 능사는 아니다 ········ 199
	04 건축은 삶을 담는 공간이자 문화척도이다 ········ 201
	05 교토京都의 도시현장을 생각해 본다 ········ 203
	06 그린웨이와 올레 길 ········ 205
	07 제주시민회관은 문화재인가! ········ 208
	08 제주 어업문화의 상징, 등명대燈明臺의 보존과 활용 211

제7장	제주도시건축의 미래
	01 두바이의 몰락과 제주의 미래 ········ 222
	02 세계7대경관 이후 무엇을 해야 하는가! ········ 225
	03 제주특별자치도 개발센터JDC는 제주도를 위해 무엇을 해야 하나! ········ 227
	04 의식이 변해야 한다 ········ 229
	05 작은것이 아름답다 ········ 233
	06 저출산고령화사회에 대비한 도시건축 ········ 236
	07 제주를 구할 7가지 – 자전거, 공공도서관, 한라산, 곶자왈, 돌, 저층건축물, 올레옛골목길 – ········ 239
	08 친환경 건축 육성이 미래다 ········ 241

제1장

도시건축의
패러다임 전환

01 / 제주도민의 삶은 좋아졌는가!

압축성장과정속에 언제부터인가 도시와 농촌의 요소들인 혼재된 삶의 모습이 사라져가기 시작하더니 지역과 지역간의 불균형이 심화되고 도시내 주거공간의 계층화와 공동화가 심화되기 시작하였다. 농촌 역시 피폐해진 농촌을 활성화한다는 이름아래 각종 도로공사를 비롯한 개발사업이 지속적으로 추진되면서 농촌이 갖는 매력을 상실해 가고 있다. 일부에서는 과거에 비해 조금씩 발전하고 있다고 생각하고 있을 것이다. 아니 생각하고 싶을 것이다.

그러나 최근 이러한 생각들이 변하고 있다. 동단위의 주민자치위원회와 마을 청년회 관계자를 만나보면 삶의 터를 어떻게 가꾸어 가야 할 것인가, 주민의 삶을 어떻게 아름답고 멋지게 만들어 가야할 것인가에 대하여 깊은 고민을 하려는 움직임이 여러 곳에서 찾아 볼 수 있다. 행정에서는 이러한 움직임을 분석하고 정책에 구체적으로 어떻게 반영할 것인가 고민을 한 적이 있는가? 제주도가 살기 좋은 도시대상 수상을 비롯하여 각종 평가에서 좋은 성과를 거두고 있으니 도민의 삶의 질이 좋아졌다는 반론도 있을 것이다.

그러나 여기에는 적지 않은 함정이 있음을 알지 못한다. 일반적으로 대부분의 평가기준들은 객관성을 갖기 위해 정량화하는 경향이 있다. 살기 좋은 도시선정 역시 주택보급률, 도로포장률, 1인당 녹지율 등과 같은 정량적 기준에 의해 평가될 수밖에 없으니 적은 인구를 가진 제주도로서는 유리할 수밖에 없을 것이다. 삶의 질은 사람들의 복지나 행복의 정도를 말하며 가장 기초적인 욕구인 건강문제, 주거문제, 교통문제, 안전문제 등의 물리적 요인, 그리고 문화와 여가, 사회 참여문제 등의 요인과 같이 단순히 정량화 된 수치만으로 평가할 수 없는 것들이 많다.

제주도의 선도적인 개발을 통해 발전의 희망을 줄 것으로 기대했던 제주특별자치도 개발센터JDC는 도민의 삶의 질을 높이기 위한 선도사업을 하기보다는 부동산개발업자와 같은 역할에 머물러 있고 제주개발공사 역시 물산업에 머물러 있는 조직의 한계성을 보이고 있다. 주거문화를 창출해야 할 대한토지주택공사는 수익창출을 위한 판박이 집합주택 건설에 집중해 오고 있을 뿐이다. 생태도시, 안전도시, 녹색도시, 도시재생, 살기 좋은 마을만들기사업 등이 끊임없이 이루어지는 제주국제자유도시의 지역 곳곳에는 넓은 도로가 건설되고 도서관과 미술관, 아트센터가 개관되고 수많은 골프장과 리조트 시설들이 운영되고 있다. 그러나 뒤돌아 보면 제주도민의 삶은 좋아졌는가? 누가 그랬던가, 제주에는 영혼이 사라져가고 있다고! 그 영혼은 제주사람들이 오랫동안 몸과 마음속에 간직하고 유지해 왔던 생활의 모습이요, 아름다운 자연풍광을 존중하며 자연의 섭리에 의지해왔던 제주사람들의 정신이자 태도가 아니겠는가?
우리의 도시, 우리의 생활공간에는 그 영혼이 없는 것이다.

제주사회의 특성상 공기업과 행정조직의 영향력은 클 수밖에 없다. 아름다운 땅, 제주에 살아가는 사람들에게 제주에 대한 자긍심과 애착심을 갖게 하고 삶의 질을 높이기 위해 공기업과 행정조직이 존재이유를 새롭게 인식하고 아울러 조직과 조직, 사람과 사람의 소통부재, 폐쇄적인 조직운영, 그리고 연계성을 고려하지 않은 무분별한 개별사업 등이 개선되기를 기대해 본다.

02 / 왜 도시에 주목하는가!

최근 몇년 사이에 자주 거론되는 사회트랜드 키워드중의 하나가 도시이다. 도시는 과거에서부터 현재에 이르기까지 살아왔던 사람들의 삶의 집적체集積体이다. 그 속에는 역사와 문화라는 큰 틀속에서 들여다 볼 수 있는 삶의 모습들을 다양한 형태와 흔적으로 담아내고 있는 것이다. 그러한 형태와 흔적이 많을수록 품격있는 도시가 되는 것이며 삶의 질 추구와 아울러 경쟁력 있는 관광지로 이어지는 것이다. 대표적인 도시혁신의 사례로 브라질의 꾸리찌바curitiba와 일본의 요코하마橫浜 등을 들 수 있다. 꾸리찌바 도시개혁은 기본적인 공원 네트워크, 자전거 도로와 보행자 도로망을 연결한 「공공광장의 건설」에 초점을 둔 저비용의 교통시스템, 「쾌적한 주거환경」과 교통해결의 혁명에 초점을 둔 「자전거도로망의 구축」, 그리고 소외된 도시빈민과 서민의 가슴속에 희망이 싹트도록 하기 위한 지역도서관설치와 같은 「교육프로그램의 강화」 등 물리적 혁명, 경제적, 사회적, 그리고 문화적 혁명이라 할 수 있다.

요코하마의 창조도시 프로젝트도 도시혁신에 초점을 둔 것이었다. 도심부의 도시기반 정비가 늦어진 요코하마는 항구주변을 중심으로 업무, 상업, 주택 등의 기능을 가진 신도심정비를 적극적으로 추진한 결과 엔터테인먼트 기능은 축적되었지만 예술기능은 그다지 축적되지 않은 문제를 안고 있었다. 또한 도심에 입지한 역사적 건조물도 점차 훼손되기 시작하고, 장기화 불황으로 인한 부동산 하락을 배경으로 도심부에에 많은 아파트가 건설되기 시작하면서 요코하마의 구 시가지는 큰 위기에 직면했는데 이에 대한 대응책이 「창조도시 요코하마」이다. 창조도시의 핵심은 도시재생에 문화예술을 접목시킨 도시혁신이라는 점이다. 문화예술은 시민생활을 충실하게 할뿐만 아니라 도시의 활성화 특히 국제적인 경쟁력에 있어서 큰 효과를 가져오게 할 것이라는 개발철학에서 시작된 것이다. 즉 문화예술, 경제의 진흥이라는 소프트Soft한 측면과 요코하마다운 매력적인 도시공간형성이라는 하드Hard한 측면의 시책을 융합한 새로운 도시비전이 「창조도시 요코하마」라고 할 수 있다.

그러나 꾸리찌바와 요코하마의 성공적인 도시혁신의 배경에는 정책결정자의 강력한 리더쉽과 확고한 도시비전을 갖고 있었기 때문이라는 점을 간과해서 안될 것이다. 일본의 카나자와金沢 시장의 도시비전에 대한 언급은 우리가 진지하게 생각할 필요가 있을 것이다.

"카나자와는 집객력에 의존하는 관광도시를 지향하지는 않는다. 카나자와는 역사와 문화의 가치를 존중하는 개발을 추진하고 이를 통해 시민의 삶의 수준을 높이기 위해 노력할 뿐이다. 그 결과로 얻어지는 것이 관광도시이다"

역사와 문화의 자원이 풍부하게 보유하고 있는 제주도도 관광도시를 지향하고 있고 더 크게는 국제자유도시를 지향하면서도 생태도시, 녹색도시, 세계환경수도 등 다양한 도시목표를 갖고 추진해 오고 있으나 실질적인 도민의 삶의 질뿐만 아니라 세계도시와의 경쟁력에 있어서도 높아진것도 없거니와 가시적인 결과도 그다지 크지 못한 것이 현실이다. 끊임없는 해안 매립과 도로건설, 디즈니랜드와 같은 대규모 관광지 개발과 케이블카설치, 강남스타일의 아파트 건설만이 도시개발이자 지역발전은 아닌 것이다. 제주도는 도시혁신을 위한 어떠한 실질적인 노력들을 하고 있는지 점검이 필요한 시기가 아닐까 생각해본다. 아름다운 도시의 미래를 꿈꾸고 적절하고 세련된 정책내용을 담아내는 정책결정과의 안목과 리더쉽이 요구되는 시기이다.

03 도시계획의 신조류

근대 도시계획의 발달은 18세기 후반기부터 유럽에서 나타난 『산업혁명』이라고 부르는 기술적, 경제적, 그리고 사회적 변혁 이후에서 찾아 볼 수 있으며, 산업혁명을 추구하였던 몇 10년동안은 경제적 자유주의와 더불어 무질서한 도시의 확대를 초래하여, 근대도시계획의 탄생은 오랜 성숙기간을 거쳐서 이루어지게 되었다.

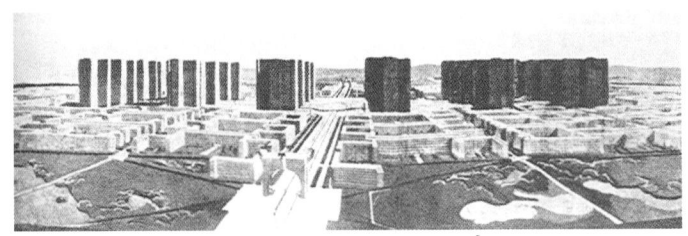

르 꼬르뷔제가 사론 도론누에 발표한 인구300萬명의 『現代都市計劃案 1922年』은 도시중심지구의 과밀을 완화하고, 거주밀도를 높여 수목면적을 증가시키면서도 교통수단에 높이려는 야심찬 근대도시계획이었다.

근대도시계획은 상업지역 혹은 주거지역 등으로 구획한 도시공간 속에 널찍한 녹지 한가운데 고층빌딩을 세우고 균등하게 짜여진 도로로 연결되는 지극히 단순하며

요코하마 창조도시의 사업지역
해안변 정비, 근대 건축물의 보전과 활용, 문화예술공간의 창출과 프로그램 등을 통해 지역활성화와 요코하마의 브랜드 가치를 높이고 있다.

획일적 도시공간이었다. 상당히 기능적이고 생산적인 도시구조임에 틀림없지만, 여기에는 인간이라는 생명체의 활동을 수용하고 자연환경의 요소가 녹아 스며들지 못하였기 때문에 오늘 날 많은 비판을 받고 있기도 하다.

그래서 최근 뉴어바니즘 이론으로서 "휴먼 신도시"가 주목을 받고 있는 것도 근대도시계획의 반성에 기반을 두고 있기 때문이다. "휴먼 신도시"의 조건은 지극히 인간중심의 도시를 추구하고자 하는 도시계획의 실천방안이라고 할 수 있다. 예를 들면, 걷기 편한 도시구조의 추구하는 점, 일하고 거주하고 즐기는 곳을 같은 지역에서 해결하는 점, 다양한 계층의 주택을 함께 건설하는 점, 주거 및 오피스의 밀도를 높이며 중·저층의 건물을 중심으로 건설하는 점, 그리고 전통재료와 형태를 지향하며, 광장 및 상가 등을 마을중심에 배치하는 점 등이다. 인간과 환경, 그리고 문화의 가치를 존중하려는 것, 이것이 바로 도시계획의 신조류라고 할 수 있다. 우리들이 잊지 말아야 하는 것은 인간과 자연에 대한 배려, 그리고 인간과 자연과의 공존과 조화라는 점이며 이러한 요소들이 원활히 조화되며 살아갈 때 진정한 삶의 가치를 찾을 수 있는 것이며 여유있고 평화롭게 살아가는 사람들의 모습이 담긴 삶의 문화풍경을 만들어 가는 것이다.

제주시와 서귀포시의 도시구조
제주의 독특한 풍경을 만드는 땅의 조건에 대한 이해와 배려없이 도로, 공원, 하천, 건축
정책이 수립, 추진되어 제주도시건축의 개성을 살리지 못하고 있다.
이는 결과적으로 도시의 경쟁력과 제주도민의 삶의 질 저하로 직결되는 것이다.

      도시는 집들과 집들의 단순한 결합체복합체가 아니라, 인간들의 집합체, 즉 인간 사회의 생활과 조직 자체인 것이다. 도시는 오랜 변천과정 속에서 다양한 삶과 문화적 가치들이 축척되어 형성되어 온 결과이기 때문에, 도시는 단순히 설계나 도식圖式화된 계획, 건물의 유무에만 절대로 귀결될 수는 없는 것이다.

      그러나, 현대도시계획의 비극은 변화의 융통성이 없는 고정되어 버린 물리적 형태의 존재와 놀라운 속도로 변혁하는 도시의 역동적 존재 사이의 파탄 속에서 있다는 점이다. 도시는 공학적 시각으로 들여다 볼수 없는 것이다. 현행과 같이 행정주도에 의한 도시계획은 법적 구성요소를 충족시키고 지극히 토목공학적 발상에서 도시의 공간을 들여다 보려는 것이 가장 큰 문제이다. 이러한 태도와 가치관은 이미 근대도시계획에서 경험하였다. 그럼에도 불구하고 여전히 전근대적인 도시계획과 사업들이 제주 곳곳에서 추진되고 있는 것은 심각한 현실이다.

      이러한 문제를 극복하기 위해서는 주민들의 참여가 중요하다고 할 수 있다. 도시계획의 기본목표는 일정한 지역에 있어서 물리적 수단을 통하여 보다 안전하고 쾌적하며 편리한 환경을 수립하는 것이다. 그러한 인조 환경속에서 활동하고 생활하게 되는 주체는 주민이며, 따라서 생활환경에 변화를 주게 될 도시계획에 직접 참여하여 자신의 생활공간 변화에 대한 의견을 적극적으로 제시할 필요가 있으며 또한 하여야 하기 때문이다.

자신이 살아가는 생활공간에 어떠한 문제가 있으며 어떠한 방법으로 자연환경을 존중하며 인간중심의 생활공간을 유지 발전시켜 삶의 문화적 가치를 높일 것인가, 고민하고 실천하여야 하는 것이다. 이것이 최근 새롭게 대두되고 있는 "휴먼 신도시"의 이념인 것이다.

우리들이 형성해 온 오랜 역사의 흔적이 남아있고 다양한 가치가 공존하고 문화적 생활을 향유할 수 있는 도시, 그것이 바로 문화도시이자 창조도시, 그리고 국제적인 도시가 아니겠는가!

04 / 환경과 사람중심의 도로계획

현대사회에 있어서 도로계획의 문제는 도시재생 못지 않게 심각한 사회문제가 아닐까 생각해 본다. 전형적인 도로문제로 인한 교통사고의 사례를 소개하면, 하나는 육지부에서 학교앞 횡단보도에서 길을 건너다 승합차에 치여 즉사한 초등학생의 죽음이고 다른 하나는 평화로에서 발생한 일가족 사망 사고를 들수 있다. 이 두 교통사고를 단순히 운전자와 사망자의 부주의에 의해 발생한 교통사고라고 넘기기에는 개선할 점이 너무 많기 때문이다. 법률적으로 전자前者의 도로는 보조간선도로이고 후자後者는 주요간선도로이다.

보조간선도로는 일상적인 생활과 밀접한 도로이다. 그래서 더욱 사람중심의 도로가 되어야 하는 것이다. 학교앞 횡단보도에서의 초등학생 교통사고가 그래서 더욱 안타까운 것이다.
이는 타지역만의 문제가 아니라 제주지역에서도 매년 발생되는 사회문제이다. 지금 제주지역의 초·중·고등학교 거의 모든 학교주변이 도로에 접해 있고 특히 학교주변의 보행공간은 너무나 협소한데다 보행공간에는 전신주와 각종 구조물들이 놓여있어서 아동들 조차 보행하기 어려운 환경이니 자연히 차도로 보행할 수밖에 없는 것이 현실이다. 게다가 차도에는 갓길에 불법으로 주차한 자동차로 인해 시야가 가려질 수밖에 없어 교통사고가 발생할 수밖에 없는 구조적인 문제를 안고 있는 것이다. 문제는 도시계획단계에서 검토되어 스쿨존이 설정된 것이 아니라 뒤늦게 안전사고예방을 위해 스쿨존을 설정한 것이어서 공간적으로 대응하기에는 한계가 있을 수밖에 없는 것이다. 도시계획을 수립할 때 주거밀집지역을 중심으로 아동들의 보행권역을 확보하고 위험요소를 배제하기 위해 학교부지의 적절한 위치선정과 주변환경조성에 얼마나 고민을 했는지 행정당국이 심각하게 검토할 부분이 아닐 수 없다. 시민으로서 누려야 할 보편적인 권리임에도 그 권리를 누리고 있지 못한 것이다. 오죽했으면 도지사 공약 사항으로 안전하고 쾌적한 보행로를 만들겠다고 공언할 정도이겠는가!

주요간선도로 역시 마찬가지이다. 제주시와 서귀포시를 연결하는 평화로에는 매년 끊임없이 대형 교통사고가 발생하고 있다. 빠르게 이동하도록 계획된 도로이기 때문에 교통사고도 대형일 수밖에 없을 것이다. 게다가 도로건설과정에서 심각한 절토와 성토로 인해 경관훼손이 지속적으로 지적되고 있고 이전의 도로에서 느낄 수 있었던 중산간 오름과 해안의 풍경을 즐길만한 여유를 상실한지 이미 오래전이다.

시민의 문화공간제공을 위해 매립되었던 탑동이 이제 재해위험지구로 지정되었으나 아무도 책임지는 사람이 없듯이 초등학생의 죽음에 대해 아무도 말이 없다. 여전히 초등학생의 죽음이 반복될 수밖에 없는 도로구조를 가지고 있고 언제가 또 다른 슬픔을 접하게 될런지 모를 일이다.

가장 먼저 개선되어야 할 부분이 어린이, 노인, 임산부와 같은 사회적 약자를 위한 도로환경개선, 친환경적인 경관도로건설계획일 것이다.

05 제주의 풍경과 경관론

아름다운 국토의 효율적인 관리와 지역성의 새로운 창출, 삶의 질적 향상의 필요성이 강조되고 있는 가운데 몇 년전 경관법이 제정되어 경관에 대한 관심이 높아지고 있으나, 공공사업에서의 실행방법에 있어서 적지 않은 논란이 되고 있기도 하다. 경관景觀의 사전적 의미는 「기후, 지형, 토양 따위의 자연적 요소에 대하여 인간의 활동이 작용하여 만들어 낸 지역의 통일된 특성을 나타내는 것으로 자연경관과 문화 경관으로 구분한다」라는 의미를 갖고 있다.

일부에서는 풍경風景과 경관景觀에 대하여 정확히 이해하지 못하고 있거니와 특정 건축가의 생각을 대변하는 것으로 생각하는 것 같다. 용어에 대한 적절하지 못한 이해는 기본적으로 경관문제의 본질을 왜곡하는 것으로 이어질수 있어서 정리되어야 할 문제라 생각된다.

기본적으로 인간은 시야 혹은 시계視界에 비추어지는 형태, 색채, 질감 등을 시각視覺을 통해 지각知覺하고, 이것을 스스로의 생활체험이나 기억, 사상과 지식, 선호도 등에 초점을 두어 이미지로서 인지認知하는데, 이것을 「풍경風景」이라고 한다. 따라서 동일한 대상이라도 사람에 따라서 형상을 보는 관점이 다르며, 그 사람의 좋아함과 싫

어함이 있기 때문에 풍경 이미지로서의 인지認知의 내용에 있어서는 큰 차이가 있다. 풍경의 이미지는 기억되고 반복 조합되어짐으로서 정형화定形化되어지는 것이다.

이와 같이 개인적 관점에서 받아들여지는 풍경은 집단, 민족이나 지역이 요구하는 역사적, 종교적 상징성, 회화가 만들어 내는 동경憧憬, 과학적 이해에 의한 가치의 발견, 관광에 의한 연출 등에 의하여 그 지역이 공유되어지는 나름대로의 바라보는 기준 혹은 원칙을 가지게 되는 데 이것을 「풍경관風景觀」이라고 한다.

경관은 공동된 가치관의 바탕 속에서 실존적 형태로 보여 지는데, 다시 말하면, 기후, 지형, 토지이용이나 부락, 시가지의 존재, 사람들의 생활모습 등, 지역의 생활이 구축되는 지리학적 상태, 즉 자연이나 역사와 문화환경을 대상으로 인식하게 되는데, 이것을 「경관景觀」이라고 한다. 즉 경관의 개념은 환경이라는 실체의 개념보다는 관찰자가 일정한 거리를 두고 관조하는 경우에 보여 지고 형성되어지는 심상心像 혹은 이미지image라고 할 수 있다.

결론적으로 필자가 일관되게 언급하는 제주 풍경의 의미와 가치를 개별적인 가치관에서 인식하더라도 아름다운 땅 제주에 살아가는 우리들의 기본적인 원칙과 기준을 공유하는 점을 강조하기 위해 풍경과 풍경관을 언급한 것이며 이를 바탕으로 제주의 독특한 자연과 역사, 환경의 바탕위에 경관을 만들어 가자는 의미이다. 다시 말하면 공유되는 가치관으로서의 풍경관을 갖자는 의미이다. 그래서 제주의 독특한 땅과 전통초가에서 찾을 수 있는 공간적 의미, 그리고 규모에 대한 의미를 강조한 것이다. 모든 시민이 공유할 수 있는 그러한 원칙과 인식이 없을 때 토목공학적인 수치는 무의미한 것이며 필요에 따라서 언제든지 자의적으로 적용할 수밖에 없는 것이다.

유네스코가 지정한 아름다운 제주 땅이 만들어 내는 풍경을 보전하면서도 시대의 흐름에 맞게 조화롭게 개발해 나갈 것인가, 이는 근본적으로 풍경과 풍경관의 문제이며 나아가 경관에 대한 인식에서 변화되어야 할 문제가 아닐까 생각된다.

푸른하늘, 한라산, 오름,
그리고 자그만 주택과 경작지, 돌담이
연출하는 서사적 풍경
(한림읍 대림리)

06 / 지역공동체가 중요한 이유

2011년 3살짜리 어린 소년이 부모의 따스한 사랑을 받지 못한 채 죽음에 이른 사건이 있었다. 이전부터 밤마다 어린이의 울음이 끊임없이 들렸다고 한다. 아직 자신의 생각을 말로 표현하지 못하는 나약한 3살짜리 어린아이의 울음은 주변에 하소연할 수 있는 최대의 수단이었는지 모른다.

그러나 아무도 이 어린이의 울음을 귀 기울여 들으려 하지 않았다. 어쩌면 귀 기울이려는 관심과 노력조차 하지 않았는지 모른다. 우리들의 무관심이 어린 생명을 앗아가도록 방치했다는 서글픈 우리의 현실을 개탄하면서 지역공동체의 역할과 기능에 대해 생각해 봐야 할 때 이다. 아울러 급속히 진행되고 있는 고령화의 문제, 그리고 증가하고 있는 1인가구의 문제 등을 고려해 볼 때 건전한 지역공동체의 형성이 중요한 사회적 이슈라고 할 수 있다.

그런데 지역공동체와 관련한 지역사회, 혹은 커뮤니티는 무엇을 의미하는 것인가?

커뮤니티라는 말은, 사회학, 심리학, 사회복지학, 건축학등 대부분의 학문분야 뿐만 아니라, 복지정책, 주택정책, 지역 정책 등 많은 정책분야에 있어서도 빈번히 사용되고 있다. 그렇지만, 커뮤니티라는 용어자체는 각 분야에 있어서 이 용어의 의미나 내용이 다르게 사용되는 등, 대단히 다의적인 성격을 갖고 있다고 할 수 있을 것이다.

사회학사전에 의하면, 커뮤니티의 정의에 대하여 『일정지역의 주민이, 그 지역의 풍토적 개성을 배경으로 그 지역의 공동체에 대하여 특정한 소속의식을 갖고, 자신의 정치적 자율성과 문화적 독자성을 추구하는 것』이라고 말하고 있다. 그러나 여기에서 말하고 있는 『공동체』란 어떤 것인가, 또는 『자신의 정치적 자율성과 문화적 독자성』이란 무엇을 의미하는 것인가, 그 정의에 대하여 다소 애매한 점이 남아있다. 이에 대하여, 심리학자인, 山本 和郎는 『커뮤니티=지역』이라는 해석에 대하여 반론을 제기하면서 본래의 커뮤니티 의미를 다음과 같이 말하고 있다.
山本는, 커뮤니티를 『사람들이 함께 살며 각각의 생활을 존중하고 주체적으로 생활환경 시스템으로 작용해 감을 의미하는 것』으로 정의하여, 커뮤니티의 가치관, 태도적 의미를 다음 4가지,
　① 인간을 전체로서 파악하는 것,
　② 함께 살아감,
　③ 각각의 사람이 그 사람 나름대로 어떻게 살아 갈수 있는가,
　　결코 떼어낼 수 없는 사회를 어떻게 추구하는가,
　④ 자신들의 책임으로 살고 한 사람, 한 사람의 능동적인 참가가 중요하다는 것
을 강조하고 있다.

또한, 磯村 英一는, 커뮤니티라는 용어자체는 단순히 『지역사회』와는 다르다고 말하며, 일본의 사회적 밑바탕에는 원칙사회의 환경이 여전히 남아 있으며, 커뮤니티이론 무조건적인 적용이 어렵고 커뮤니티에는 『정주성』이라는 조건이 있으므로 일반적으로 지역사회를 의미하기 쉽지만, 본래 커뮤니티는 인간관계 안에서 거론되어야 하며, 경우에 따라 『공간적 연대』의 형태도 존재한다는 것, 마지막으로 커뮤니티는 국가라는 체제, 기구와는 다르다는 것을 그 이유로 들면서 커뮤니티의 형태적 특징에 대하여 말하고 있다. 이들 정의를 종합적으로 검토하여 보면, 커뮤니티란 『한정된 일정

지역 안에서 공간적 연대관계를 기반으로 하면서, 지역주민공통의 의식을 가지고 주체적으로 사회적 공동 활동을 하고 있는 기본적인 단위조직』이라고 해도 큰 잘못은 없으리라 생각된다.

도시 계획학에 있어서의 커뮤니티를 바탕으로 한 공간형성의 접근은, 미국의 도시계획에서 그 기본적인 형태를 찾아볼 수 있을 것이다. 지방분권화가 발달된 미국에서의 지방자치의 이념은 직접민주제直接民主制라고 할 수 있다. 이 제도의 성립은 첫째, 구성원간의 친밀한 면식관계face to face의 성립과 둘째, 구성원의 가치이념이나 개인적인 상황이 균질한 것을 기본으로 한다. 따라서 이러한 사회집단은 필연적으로 소규모화 될 수 밖에 없는 것이다. 이와 같이 커뮤니티의 이념은 전통적인 발상으로 인식 되어 왔다. 그러나 이러한 이념과 현실의 차이가 나타난 것은 19세기말 다수의 이민노동자의 유입으로 의해 대도시가 출현됨으로서 전통적인 커뮤니티가 해체되면서 부터이다. 따라서 근대 도시계획의 최대과제는 어떻게 커뮤니티를 회복시킬 것인가에 비중을 두었다. 19세기말 영국 런던에서 저소득층의 위생과 교육, 주택을 개선하기 위하여 일어난 세틀먼트운동settlement movement, E. Howard의 전원도시론, 그리고 미국에서 발생한 커뮤니티 센터운동community center movement, C.A. Perry의 근린주구론, L. Mumford의 지역도시론 등은 커뮤니티 재건운동의 흐름과 같은 맥락이라고 할 수 있다.

E. Howard의 전원도시는 인구 32,000인의 소도시이지만, 이것이 계획인구에 이를 할 때까지 성장했을 때는 별도의 전원도시를 연이어 만들어 내고, 이들 전원도시는 철도와 도로로 연결되어져 도시집단을 형성한다.

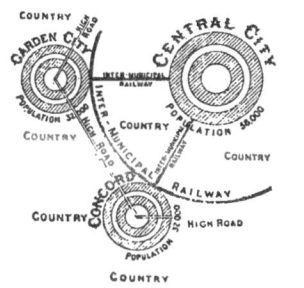 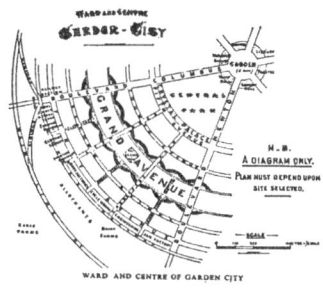

E. Howard의 「내일의 전원도시」

그에 의하면, 이 도시집단의 인구는 약 25만인으로 구성된다. 또한, 하나의 전원도시의 시가지는 400ha로서 그 주변에 2,000ha의 농경지가 둘러싸고 있다. 시가지부분의 패턴은 방사·환상형으로 토지이용과 시설배치의 패턴은 중심부에 광장, 시청, 박물관등의 공공시설, 중간지대는 주로 주택, 교회, 학교, 바깥지대에는 공장, 창고, 철도가 있고, 더 바깥지대는 대농장, 임대농원, 목초지등으로 구성되는 농업지대로 되어 있다.

영국의 세틀먼트운동으로 자극 받아 미국에서 시작된 커뮤니티센터 운동은 민간단체의 운동으로 전개된 것이다. 이 운동의 기본이념은 공립학교의 교사校舍를 이용하여 그 주변의 지역사회운동을 촉진시키고자 하는 것이었다. 그러나 모든 교사를 커뮤니티센터로서 활용하기 어렵기 때문에 소규모 도시에 홀, 독서실, 체육관 등의 전용 커뮤니티센터 빌딩이 건설되었다.

커뮤니티센터 운동 이후, 미국지역계획협회의 L. Mumford, C.H.Whitaker, C.S. Stein 등이 영국의 전원도시의 정착과 커뮤니티센터 운동을 지지하게 되고, 1928년 래드번단지, 1929년에는 C. A. 페리Clarence Autur Perry의 근린주구론이 제시되었으며, 커뮤니티이념의 형성은 세계 2차대전후를 통하여 근린주구론이 중심적인 테마로 하여 행해져 왔다.

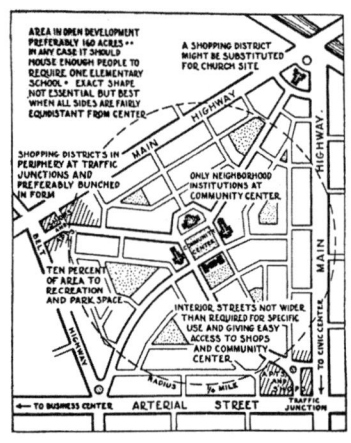

.C. A. 페리의 「근린주구단위계획 1929년」
(1만명의 인구규모이며,
반경 400m로 계획되었다)

그러나 과거 근대도시계획은 자동차의 기능을 중시하여 잘 짜여진 도시공간을 추구하였으나 인간적인 삶의 본질을 추구하려는 노력이 결여되어 있었다. 사람들의 자연스러운 모임과 활동을 중시하고 공동체적 의식을 갖는 생활공간 계획에는 무관심하였던 것이다. 물리적 공간은 궁극적으로 우리들의 생활을 크게 좌우하게 된다. 대기와 토양 속의 유해한 화학물질이 신체적인 건강에 해를 줄 수 있는 것과 마찬가지로 환경도 정신과 사회적 건강에 해를 줄 수 있다. 왜냐하면, 소음, 밀집, 건축 및 지역구조형태는 모두 인간의 생활과 일상적 활동의 질을 좌우하기 때문이다.

이와 같은 근대도시계획의 실패 교훈을 통해 오래 전부터 북유럽이나 일본과 같은 복지선진국의 경우 급속한 경제성장과 아울러 지역주민의 생활양식이나 생활의식의 변화, 생활환경의 악화에 의한 지역사회의 쇠퇴에 대응하기 위해 복지활동을 기반으로 하는 새로운 지역사회 형성의 가능성을 모색하여 왔다. 개인 개인의 삶을 존중하고 이를 지원하기 위한 복지시설을 중심으로 하는 공공시설의 정비, 그리고 지역주민의 참여를 통한 건전한 지역공동체의 형성에 적지 않은 노력을 기울이고 있다.

이러한 노력을 도시디자인 차원에서 추진할 필요가 있다. 그러나 몇년 전부터 유행처럼 번지고 있는 우리나라의 도시디자인정책의 내용을 들여다보면서 걱정스러움이 앞선다. 도시디자인의 본질을 정확히 이해하지 못한 채 거리의 바닥이나 가로등과 같은 사물의 시각적 가치에 집착하려는 경향으로 인해 진정한 생활공간을 창출하기에 한계가 있기 때문이다. 도시디자인은 산업디자인과 다르다. 「아름다운 장소」를 만드는 것이 아니라 「의미있는 장소」를 만드는 것이 중요하다.

도시디자인은 넓은 지역을 대상으로 다양한 가치관을 갖는 사람들이 모여 사는 삶의 공간을 디자인 하는 것이다. 여기에 적절한 소유의 구분과 연결, 그리고 지역주민 사이에 관심과 지원, 감시가 효율적으로 이루어짐으로서 쾌적하고 안전한 생활을 영위하게 되는 것이다. 제주의 조냥정신 역시 전통마을의 잘 짜여진 인간중심의 생활공간 구조에서 만들어지는 것이라 할 수 있다.

현재 제주의 도시가 직면해 있는 문제가 적지 않다. 도시기능의 쇠퇴뿐만 아니라 사회적 약자에 대한 배려의 도시디자인도 중요하며 그 기반이 되는 것이 바로 건전한 지역사회의 조성이라 할 수 있다. 건전한 지역사회의 조성은 곧 복지사회의 기반이기도하다. 그래서 더욱 중요한 것이다.

07 / 마을만들기, 이제는 변해야 한다.

박원순 서울시장 취임 이후, 서울시는 뉴타운 사업을 전면중단하고 새로운 방식의 주거환경개선사업을 도입하겠다는 도시개발정책을 발표하였다. 부동산 투기와 상업자본에 의한 개발논리로 추진되어 왔던 40년의 뉴타운개발사의 종지부를 찍는 시점에 온것 같다. 싹쓸이식 개발로 추진되어 왔던 뉴타운 개발방식은 주거공간의 물량확보과 경제활성화의 가치에 중심을 둔 것이었다. 그리고 농어촌은 상대적으로 낙후된 지역으로 인식되어 온 것도 사실이다.
이러한 문제를 해결하기 위한 중앙정부의 핵심정책의 하나가 마을만들기 사업이다.

그러나 이제까지 추진되어 왔던 마을만들기는 지역의 가치있는 것, 즉 지형, 옛길, 문화재, 오랜된 건축물, 나무들, 의미있거나 추억이 될 수 있는 공간, 삶의 지속성 등등 유형적 무형적 가치들을 꼼꼼히 검토하고 유지해 나가려는 의지와 노력의 부재에서 시작되었기에 적지 않은 부작용을 안고 갈 수밖에 없었던 것이다.

제주도의 경우도 총 460억원 이상의 예산을 들여 제주형 마을 만들기와 주민자치센터 특성화 사업, 농림수산부의 농촌마을종합개발사업, 베스트 특화마을, 참 살기 좋은 마을가꾸기 사업, 자립마을 육성사업을 추진해 오고 있다. 마을만들기 사업은 다양한 사업이 추진되면서 마을의 중요성과 마을이 스스로 무엇을 해야 하는가에 대한 고민과 반성을 하는 계기가 제공되었다는 점등 긍정적인 측면도 있으나 물리적 환경 개선 중심의 마을만들기의 한계성을 보여주었다는 점, 소도읍 정비 계획등 제주지역발전의 큰 틀 속에서 마을의 새로운 발전모습을 그리지 못한 채 개별적인 사업으로 추진되었다는 점등 문제점도 내재하고 있다.

마을만들기사업을 오래전에 추진하여 왔던 일본 역시 많은 시행착오 거치며 현재와 같이 주민중심의 사업으로 정착하게 되었듯이 초기단계에 있는 우리나라의 경우도 시행착오의 과정을 겪고 있는 것이며 이러한 시행착오의 경험들이 다른 지역과 차별성을 갖고 있는 제주 마을의 활성화에 적용하는 것이 중요하다고 생각된다.

마을만들기 사업의 목적은 인구감소로 인해 과소화되고 있는 농촌지역의 다양한 세대의 정주를 통한 활성화, 그리고 소득창출을 통한 농촌마을의 경쟁력 확보에 있는 만큼 사업내용과 방식의 변화가 필요하다고 생각된다.

이를 위해서는 우선 마을자체의 준비와 노력을 통한 각 마을별 특성을 살리는 사업 발굴을 기초로 하여 하드웨어가 아닌 소프트웨어 중심의 사업추진, 행정과 주민을 연결하는 전문가의 참여, 컨설팅지원제도의 도입, 행정부서별로 다양하게 추진되는 마을만들기 사업의 통합, 조정 등이 이루어져야 할 부분이 아닐까 생각된다.

농어촌의 마을만들기와 달리 도시만들기는 산업구조와 생활기반이 다르기 때문에 삶의 공간을 의미있게 만들어 가려는 개념과 철학을 공유하되 다르게 접근할 필요가 있다고 생각된다.

제주의 마을은 도시와 지역발전의 원천이며 제주 미래를 견인할 중요한 자원일뿐만 아니라 제주 지역경제와 직결되는 문제라는 점에서 상당히 중요한의 의미를 갖는다고 할수 있다. 마을 특성에 맞는 아이디어 발굴을 통해 지역주민들의 일자리 창출과 소득증대에 기여할 때 그 의미는 커질 것이다.

08 /개발계획과 통계학

　　　　　도시계획은 도시의 정체성을 담보로 하는 중요한 개발수단이자 시민의 삶의 질을 좌우한다는 측면에서 상당히 중요한 부분이기 때문에 목표설정의 기본단위를 20년으로 설정한다. 20년이라는 시간적 비젼과 희망을 갖고 시민의 복지를 증진시키는 장기 실천계획인 것이다.

　　　　　그러나 이러한 도시계획의 목적에도 불구하고 여전히 우리나라 도시계획의 접근방법은 공학적 접근가치와 방법에 의지하는 경향이 강하다. 예를 들면 공원과 도로의 확보비율, 상하수도 보급률, 주택보급비율 등에 의해 결정하는 것 등이 좋은 예라고 할 수 있다. 물론 설정목표를 달성하기 위한 작업의 특성상 필요한 방법이기는 하지만 과학적 논리적 데이터를 근거로 효율적인 방안을 찾아내는 것이 중요하다고 할 수 있다. 따라서 장기비전을 제시하기 위해서는 다양한 요소들을 종합적으로 파악해야 하는데 그 수단중의 하나가 바로 통계이다.

　　　　　제주도의 도시부분과 건축행정업무는 과거에 비해 업무량이 늘어났고 조직의 전문성도 상당히 개선되었다고 생각된다. 그럼에도 불구하고 과학적 논리적 통계자료 분석을 통한 의사결정에 있어서는 제도와 조직 업무의 개선이 필요하다고 생각된다.

첫째, 도시와 건축행정에서의 통계자료의 축적과 분석이다.

제주시 인구집중화, 제주와 서귀포 지역발전의 불균형문제 등의 배경에는 과도한 도시개발 계획도 적지 않은 영향을 준 것이 사실이다. 제주시 곳곳에서 추진된 택지개발과 주택공급, 도로개발 등이 과거 도시행정의 집행과정 속에 축적되어 있는 자료와 국가통계기관의 인구통계 자료분석 결과에 근거하여 적절한 수요를 예측한 것인지 의문일 때가 많다. 제주사회의 심각한 문제인 제주시의 인구집중 원인에 대한 것도 행정기관이 갖고 있는 다양한 자료로도 분석이 가능하리라 생각된다. 중산간 지역의 곶자왈이나 골프장 훼손과 같은 환경훼손의 문제 역시 이미 구축되어 있는 GIS데이터를 근거로 행정조직이 자체적으로 과학적 통계적 분석을 통해 개발행위를 종합적 판단하여 결정할 수 있는 것이다.

특히, 각종 위원회와 공청회에서 제시되는 자료들을 자세히 살펴보면 축적자료를 다양한 통계기법을 통해 분석하고 그 결과를 다시 도시와 건축행정에 반영하는 시스템은 여전히 구축되어 있지 못하고 있는 것 같다. 이와 같은 현실 때문에 상당한 예산을 사용하며 외부 용역에 의지하고 있는 경향도 없지 않은 것이 현실이다.

둘째, 통계적 가치를 갖는 자료의 공유문제이다.

흔히들 부처이기주의라고 비판하지만 개발계획과 관련된 부처간 혹은 조직간에 업무협조뿐만 아니라 행정상의 결정에 중요한 자료를 공유하지 못함으로서 결정이 늦어지거나 혹은 결정이 적절하지 못한 경우가 적지 않다고 할 수 있다. 그로 인한 피해는 결국 시민에게 돌아갈 수밖에 없을 것이다.

통계가 얼마나 중요한 역할을 하는가는 이미 각종 선거와 민간기업의 마케팅 분석 등에서 그 효과를 입증하고 있다. 도시공간속에 활동하는 사람들의 다양한 행동과 의식, 공간의 활용 등은 일정한 흐름의 패턴을 갖고 있다. 변화되어 가는 의식과 패턴을 파악하지 못한다면 효율적이고 적절한 방안을 구상해 낼 수 없는 것이다. 도시와 건축행정에서의 통계적 분석 마인드를 가져야 하는 이유도 여기에 있는 것이다.

09 건축물 고도완화 신중해야 하는 이유

지난해부터 불거진 건축물 고도완화 논쟁은 지역간 이해 당사자간에 적지 않은 논쟁이 되고 있는 것은 제주사회에서의 도시개발에 대한 인식을 잘 보여주는 것이라 생각된다. 단순히 건축물 고도완화중심으로 도시관리에 집중된다면 단기적 혹은 장기적으로 예상치 못한 많은 문제가 불거져 오히려 도시의 경쟁력을 상실하게 할 우려에 대해서도 신중하게 검토할 필요가 있을 것이다.

첫째, 구제주와 신제주는 도시의 성격이 다르기 때문에 단순히 건축물 고도만으로 지역의 특성을 활성화하기에는 한계가 있을 것이다. 구제주는 오랜 역사의 축적이 이루어진 도시이자 해안에 인접한 도시여서 아파트 중심의 정주환경을 가진 신제주와 같을 수 없기 때문이다. 이는 서귀포의 신시가지와 구시가지도 같은 맥락에서 이해할 수 있는 부분이다.

둘째, 독특한 풍경을 만들어내는 땅의 여건을 충분히 고려하지 않고 건축물고도만으로 도시를 관리하다면 해안경관과 중산간의 배경경관과의 부조화뿐만 아니라 도시의 고유 이미지도 단조롭게 변할 수밖에 없을 것이다. 필지의 상황뿐만 아니라 도시에 대한 영향도 평가되어야 하며 가로환경에의 영향, 다른 건물과의 조화, 도시 스카이라인 형성 등 정확한 이해가 중요하다. 필자가 해안경관관리와 스카이라인 진단관련 보고서 등에서 언급한 절대적 높이관리에서 제주의 지형적 여건을 고려하여 상대적 높이관리형태로 전환되어야 한다고 언급한 점도 이와 같은 이유 때문이다.

셋째, 심각한 주차문제의 유발이다. 건축물 고도완화로 인한 고층고밀화 개발은 땅값이 상승하고 건축물 개발행위가 활발해질지 모르겠으나 장기적인 측면에서는 심각한 주차문제로 인해 오히려 정주여건이 악화될 가능성이 높을 것이다. 도시계획상 기존도로는 적정수용인구와 교통변화여건을 고려하여 조성되었기 때문에 적절한 수용한계를 갖고 있다. 이미 제주시의 경우 출퇴근 시간대는 수도권 교통난 못지않은 침체현상을 보이고 있고 대부분의 도로는 심각한 주차문제에 직면해 있는 상황에서 더욱 심각한 주차문제를 야기시킬 가능성이 높을 것이다.

넷째, 건축물고도완화가 특정집단의 경제적 이득으로 이어질 수 있다는 점도 주의해야 할 점이다. 과거 건축물 고도완화가 개인토지소유가의 재산권 강화로 이어지기보다는 대부분 오피스나 아파트, 연립주택 건축의 활성화로 이어지는 경향이 있었다는 점은 단독주택의 활성화를 통한 쾌적한 전원도시의 형성과 재산권의 가치 상승보다는 건설회사 혹은 개발업체의 경제적 가치창출에만 편중되었다는 것을 의미하는 것이다. 궁극적으로는 건축물 고도완화가 도시의 공공성과 경쟁력 확보에는 한계가 있다는 것을 시사하는 것이다.

따라서 도시개발과 관리는 건축물 고도뿐만 아니라 다양한 수법들이 적용될 때 효율적인 결과를 도출해 낼수 있다. 그렇기 때문에 도정 최고책임자의 바뀌어도 지속적으로 추진할수 있는 명확하고 확고한 정책목표를 가질 필요가 있고 생각된다. 예를 들면, 부분적으로 특정용도의 건축물에 대하여 고도완화를 하되 도시의 장소를 만들고 상업 및 문화적 중요성을 가지며 지역의 상징성을 갖도록 위치선정과 일정 층수 건축물에 대해서는 건축의 형태와 디자인을 차별화시켜 도시의 스카이라인을 새롭게 형성할 수 있도록 유도할 필요가 있을 것이다. 아울러 도시를 지구별로 나누어 관리하되

각 지구들은 그 지역만의 역사와 형태를 갖추도록 토지이용 및 패턴을 차별화하여 지역별로 보전, 복구, 재창조 등의 구역을 설정하여 관리하고 도심부는 도심재생을 위한 관리, 도심외곽지역은 특성에 맞추어 성장의 방향을 수립하는 도시관리의 전략이 필요한 것이다. 그렇기 때문에 신제주와 구제주, 도시과 농촌의 일률적인 건축물 고도완화 작용은 신중해야 하는 것이다.

제주도의 특별함과 자치의 의미 10

최근 제주도의 행정구조개편 시행을 두고 찬반양론의 논란이 격해지고 있다. 이러한 과정을 지켜보면서 왜 제주도는 특별차지도인가에 대하 근본적인 물음을 갖게 된다. '제주특별자치도 설치 및 국제자유도시 조성을 위한 특별법 '제1조에는' 제주도의 지역적·역사적·인문적 특성을 살리고 자율과 책임, 창의성과 다양성을 바탕으로 고도의 자치권이 보장되는 제주특별자치도를 설치하여 … (중략) … 국제자유도시를 조성함으로써 국가발전에 이바지함을 목적으로 한다'라고 제주특별자치도의 목적과 방향을 제시하고 있다. 눈여겨 볼 내용은 제주도의 지역적·역사적·인문적 특성을 살린다는 점이다.

그러나 현실은 도내 주요 개발의 대부분이 도로건설, 하천정비, 택지개발, 포구확장 등 대부분이 토목중심의 과도한 개발에 치중되어 있어서 삶의 풍경도 급속하게 변화뿐만 아니라 최근 중국자본의 급속한 유입과 중산간에 집중된 중국리조트 개발, 그리고 50만불 이상의 휴양콘도와 휴양펜션을 구입할 경우 영주권을 부여하는 제도에 대해서도 도내외 많은 분들이 우려하고 있다. 이러한 개발은 일시적으로는 경제가 활성화되는 것처럼 보이지만 시간이 지날수록 그 가치는 반감될 수밖에 없다. 일종의 착시현상이 클 수도 있을 것이다. 그 좋은 사례가 경영난에 직면해 있는 골프장 개발이다. 투자유치와 지역경제 활성화라는 명목으로 중산간 일대에 추진된 30여곳의 골프장 건설은 외관상으로 화려한 제주관광의 모습으로 보여졌을 뿐이다.

흔히들 개발을 하지 않으면 제주가 어떻게 발전하는가, 지속적인 개발만이 대안이라고 항변하는 이들도 적지 않다. 일견 맞는 말이다. 그러나 중요한 점은 개발에 대한 인식과 접근방법의 고민과 노력에서 시작되어야 하는 것이다. 땅의 가치를 존중하는 것, 많이 개발하는 것 보다는 적게 개발하는 것, 땅이 갖는 문화적 의미를 존중하는 것, 삶의 양식과 가치를 존중하고 생활의 영속성을 확보하는 것, 오래되고 낡은 것의 가치를 존중하는 것, 유형과 무형의 자원들에 대하여 공존과 조화, 절약하는 것, 기억, 추억, 애정, 애착이 가는 장소와 공간을 창출하는 것. 이러한 철학을 실천하고 노력하기 위해서 제주도가 '특별자치도'인 것이다. 그리고 이것이 제주도정이 전면적으로 내세운 '환경수도'의 실천전략이자 지속가능성을 갖는 '제주국제자유도시' 완성을 위한 최소한의 기반구축과 직결되는 것이 아니겠는가! 그렇기 때문에 제주의 역사와 문화, 삶의 기반인 제주의 땅을 단순히 이익창출 우선의 개발대상으로 보기보다는 새로운 가치부여와 장기적인 발전의 가능성을 어떻게 유지해 나가는 가려는 인식전환에서 시작되어야 하는 것이다.

제주도는 진정 특별한가? 이러한 질문에 답은 노벨문학상 작가 르클레지오가 프랑스판 지오GEO 30주년 기념호에 실은 '제주의 매력에 빠진 르클레지오'란 제목의 제주 찬가, 미국 오하이오주 툴레도대학 교수 데이비드 네메스의 논문집인 '제주 땅에 새겨진 신유가사상의 자취', 이 두 편의 글이 정답이 아닐까 필자는 생각해본다. 이 두 편의 글은 기본적으로 제주의 땅이 만들어내는 감성적이고 환상적인 제주의 풍경, 그리고 역사적 삶의 고통과 강한 욕구가 혼재되어 사람들의 의식마저 동화同化될 수밖에 없는 제주의 특별함을 잘 표현하고 있기 때문이다.

이 두 편의 글을 보면서 제주특별자치도는 공무원의 행정구조가 특별한 것이 아니라 제주도민을 위해 자율과 책임, 창의성과 다양성, 그리고 제주의 특별함을 생동감

있게 담아낼수 있는 특별자치도가 추진되고 있는지, 자기성찰과 재점검이 필요한 시기가 아닐까 생각해 본다.

제 2 장

도시재생과
지역활성화

01 / 제주시 원도심이 중요한 이유

제주 성지가 위치한 원도심 지역은 병문천, 한천, 산지천을 끼고 해변에 위치한 읍성도시이자 해안도시라고 할수 있다.
옛날에는 산지포구를 중심으로 활발한 교역이 이루어졌던 화북포구와 함께 육지부와 연결되는 중요한 지역이었다.

일제강점기 신작로를 기반으로 하여 해안변을 따라 어업중심의 1차산업 위주의 시가지형성에 초점을 두었던 1950년대와 달리 1960년대에 들어서는 관광산업도시로의 기반구축에 초점을 두고 제1횡단도로, 제2횡단도 확장이 이루어짐으로서 원도심의 공간구조는 동서남북으로 관통되는 도로에 의해 크게 4지역으로 분리됨으로서 길과 길로 이어졌던 유기적인 공간연결체계가 붕괴되었다고 할수 있다.

관덕정을 지나는 길들 역시 자동차의 원활한 소통을 위해 길이 넓혀지고 제주목의 관아 건축물을 철거하여 일제강점기의 행정업무를 위한 근대건축물들이 들어서기 시작하였다. 이는 제주사람들의 중요한 생활공간이었던 관덕정 광장을 빼앗은 것이며 서민들의 애환이 서린 관덕정 앞 주성(州城)시장을 철거함으로써 시민생활 그 자체와 정신적 가치를 빼앗은 것이나 마찬가지였다.

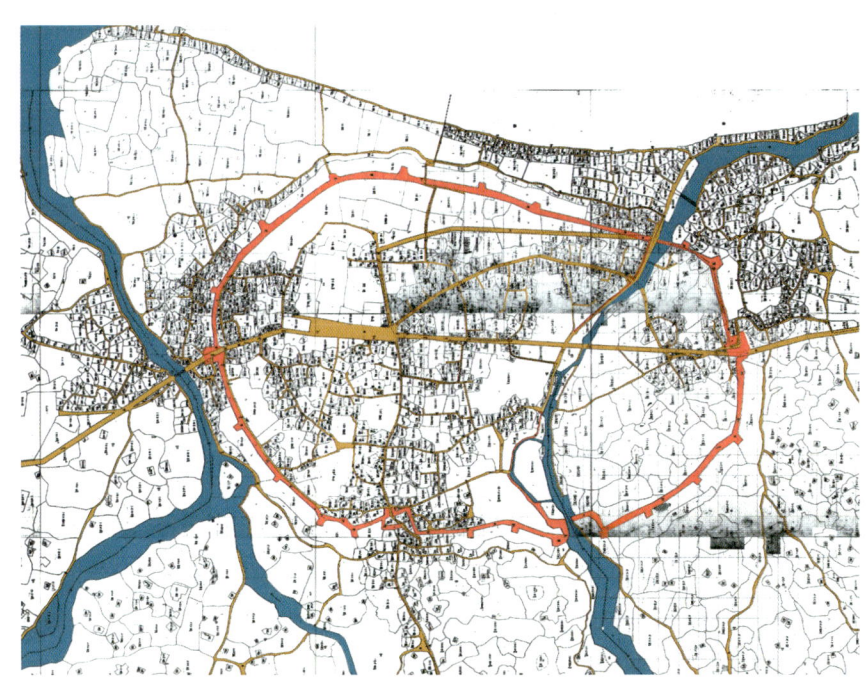
1914년 일제지적도를 통해 제주읍성과 삶의 흔적들을 엿볼수 있다.

원도심의 공간 변화
원도심은 일제강점기 관덕정을 관통하는 신작도가 개설되고 읍성이 철거되면서 크게 변하게 되었다.
해방 이후에는 남북으로 이어지는 도로와 남문로타리의 개설, 하천 복개, 탑동 매립 등으로 역사도시, 해안도시인 원도심을 크게 훼손되었다.

1967년

1979년

1983년

그러나 무엇보다 가장 큰 아픔은 제주성을 허물고 돌들을 제주항 방파제 축조를 위해 사용했다는 것이다. 철거된 성터에는 자동차가 다니는 길들이 개설되고 이로 인해 크고 작은 골목길이 만들어내었던 다양한 길의 풍경들이 사라지게 되었다.
그러나 도시의 외연적 확장으로 인해 과거와 같은 활기넘치는 분위기는 약화되었으나 인접하여 여객터미널과 10여분 거리에 제주국제공항이 위치하고 있어 여전히 물류와 교통의 주요지역이라고 할 수 있다.

원도심의 도로체계와 주변현황

원도심지역은 탐라시대부터 최근까지도 제주의 중심이며, 역사가 깃든 장소이기도 하다. 그러나 1974년 제주시 1차 도시관리계획에 의해 도시생활권의 광역화 및 기존 시가지의 인구집중억제 등으로 인해 신제주 개발이 시작되어 행정이 신제주로 이동하게 된다. 그리고 1992년에 3차 도시기본계획에서는 3핵 구조로 유도하고 있어, 신제주의 확장과 화북·삼양지구의 개발 등으로 인해 기성시가지는 급격히 쇠퇴하게 된다.

이러한 현상은 우리나라 대부분의 도시가 안고 있는 문제로서 노후老朽화와 공동空洞화 현상이라고 할 수 있다. 이는 확장중심의 도시개발로 인해 오랫동안 삶의 흔적이 축척되어 왔던 기성시가지가 상대적으로 기능이 약화되었기 때문이다. 또한 이러한 문제들은 심각한 사회문제를 야기 시키고 있다. 제주지역 역시 1960년대부터 시작

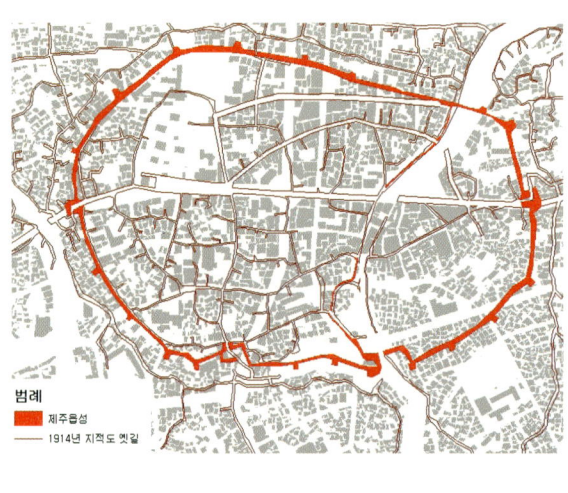

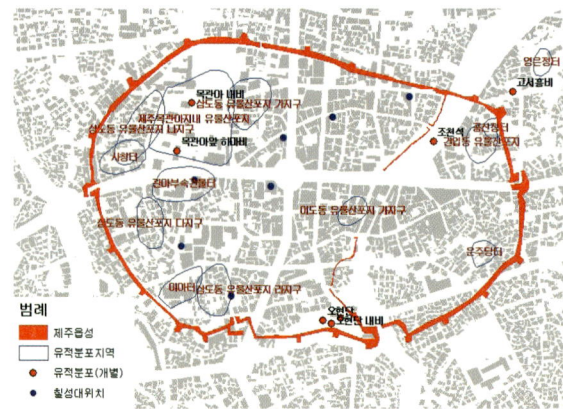

제주읍성과 관련 유적의 흔적

원도심은 도로개설과 건축물로 인해 과거의 흔적이 많이 사라졌지만, 여전히 옛길과 문화유적의 흔적이 고스란히 남아있다.

된 확장중심의 개발정책과 1980년대 택지개발은 제주시의 외형적 확산과 아울러 타지역의 과소(過疎)화로 이루어지고 있으며 제주지역 고유의 정체성과 쾌적성 상실로 이어지고 있다.

원도심의 공간구조는 일제강점기 이후 도시화·근대화 과정속에 원도심의 도시공간구조는 더욱 변화하게 되는데 제주시는 한국전쟁중이던 1952년 3월 내무부 고시 제26호로 최초로 도시계획을 결정, 고시한 이래 많은 도시계획변화과정을 거치게 되었다. 그림8의 항공사진을 통해 알수 있듯이 전반적으로 볼때 제주읍성을 중심으로 원도심은 1960년대의 횡단도로개설을 통한 도로확장으로 변화되기 시작하면서 1970년대 들어서는 교차로의 확장과 산지천의 복개가 눈에 띄며 1980년대에 들어서는 한천, 병문천의 복개뿐만 아니라 탑동매립등으로 자연환경 훼손과 직결되는 개발이 집중됨으로서 상대적으로 주거환경을 악화시키는 결과를 초래하였다고 생각된다.

그러나 원도심이 갖는 가장 매력적인 요인은 원도심이라는 공간적 가치뿐만 아니라 역사문화 유적 및 근현대사의 주요시설이 다양하게 분포하고 있다는 점이다. 주요 문화재로는 국가사적인 제주목관아를 비롯하여 제주도문화재인 향사당과 동자복, 오현단를 비롯하여 중인문터, 북수구터, 공신정터, 구제주시청사터 등 역사적 가치를 갖는 장소도 넓게 분포하고 있다.

특히 제주성지내에는 7개의 별자리와 관련된 칠성대가 위치하고 있는데 탐라시대 도시조성에 있어서 하늘의 별자리와 연계하여 삶의 공간을 구축하였다는 점에서 상당히 흥미있는 문화유적의 공간으로 평가된다.

원도심의 이러한 가치에도 불구하고 제주사회의 가장 심각한 문제중의 하나인 원도심 쇠퇴화로 인해 제주의 정체성을 가진 지역이 개발논리로 훼손될 가능성이 높아지고 있다. 원도심 지역은 상대적으로 신도시개발 지역보다 물리적 환경 및 인프라가 취약해 공동화가 가속화되고 있다. 특히 원도심 지역은 현행법상 도로 폭, 접도조건,

건폐율과 주차시설 등의 관련법규로 인해 신축·증축 등이 활발하게 이루어지지 않고 있다. 개발이 정체되면서 더욱 낙후되어가고 있어 지역사회의 심각한 사회문제로 대두되어 2008년부터 원도심에 대한 재정비 및 재개발을 위한 지구지정과 계획이 논의되어 왔다.

그러나 원도심 재정비촉진계획은 사업대상지의 범위가 지나치게 넓을 뿐만 아니라 재정비 촉진을 위한 개발방식과 적용프로그램에 있어서 원도심 재생이라는 근본적인 문제를 해결하기에는 적절하지 못하다는 점들이 지적되어 왔다.

2012년 12월말 제주지역사회의 주요현안이었던 원도심 일대의 도시재정비촉진지구 지정이 해제됨으로서 새로운 국면을 맞게 되었다. 그동안 개발방식을 둘러싼 논쟁은 행정당국과 의회에 큰 부담으로 작용하였을 뿐만 아니라 해당지역주민들은 재산권 행사에 많은 제약이 있었던 것이 사실이다. 때 늦은 감은 있으나 원도심 재정비촉진지구 지정해제는 적절한 행정조치라 생각된다. 비록 재정비촉진지구 지정 취소로 인해 행정당국의 정책집행에 대한 혼선과 비판, 그리고 지역주민들의 불만과 반발이 있기는 하지만, 예측되는 시행착오를 최소화하고 주민들의 질적인 이익을 추구하고 제주도시개발의 새로운 미래상을 찾아보려는 노력이 더욱 중요하기 때문이다.

과거와 같은 아파트중심의 재개발방식으로는 원도심을 활성화할 수 없다. 새로운 시각으로 원도심이 처해 있는 문제점들을 진단해 볼 필요가 있을 것이다. 재생에 초점을 둔 활성화의 핵심은 주거환경개선을 통한 삶의 질 개선, 역사문화적 장소의 가치 극대화, 다양한 이해당사자들의 참여가 전제되어야 한다는 점이다. 이와 같은 전제 아래 세련된 개발방식이 접목되어야 할 것이다. 블록단위의 개발을 적용하더라도 블록별 건축물의 노후화정도와 입지적 조건이 다르기 때문에 물리적 환경개선의 적절한 정비방안이 필요하다고 생각된다. 노후화가 심한 블록은 상업과 주거기능이 혼재된 저층고밀도형식의 신규개발이 바람직할 것이고 또한 양호한 블록은 개별주택의 개조에 초점을 두어 보조금을 지원하는 방식도 바람직 할 것이다. 아울러 주차에 대한 불편을 해소하고 적절한 녹지공간과 상업시설과 혼재된 문화시설의 확보등 주거환경의 정비도 필요할 것이다. 그리고 잘 짜여진 보행공간의 네트워크화를 통한 외부환경개선 역시 중요하다고 할 수 있다. 행정이 역점을 두어야 하는 부분도 여기에 있는 것이며 이를 위해 적절한 보상을 통해 원도심권내의 토지를 매입하여 공공성이 있는 사업추진을 위한 기반 확보가 선행되어야 할 것이다. 따라서 행정의 도시개발참여 당위성과 사업의 공공성을 갖게 되는것이다. 이와 같은 노력들은 원도심이 갖는 땅의 고유한 흔적과 역사적 가치를 유지하면서 현대적 삶을 수용하기 위한 기본적인 접근방안인 것이다.

원도심 활성화는 오랜 시간과 인내가 요구되는 정책 사업이다. 행정에는 한계가 있기 마련이고 주민 역시 스스로 고민하고 협력적 관계를 통해 대안을 제시하여야 한다. 다양한 의견을 수용하는 것이 중요한 이유도 여기 있는 것이다. 도시, 건축, 예술, 역사 문화분야의 전문가와 주민, 행정, 금융으로 구성된 협의체구성을 통해 새롭고 참신한 원도심 활성화 전략이 나오기를 기대해 본다.

02 / 제주시 원도심 마저 거들 낼 셈인가!

　　　　우리나라의 도시계획역사는 그리 길지 않다. 압축성장과정을 거치면서 도시개발은 물리적 환경정비라는 인식에 경제개발의 논리가 덧씌워지면서 상업성과 경제성을 앞세운 도시개발이라는 인식이 고착화되었다고 생각된다.

　　　　오랜 세월이 흘렀음에도 불구하고 도시개발에 대한 인식과 개발방식은 변한 것이 없다. 여전히 주민생활의 편의성을 표면적으로 내세우면서 경제성과 상업성을 가치를 추구하는 도시개발 철학이 우선시 되는 것이다. 제주사회에서 논란이 되었던 롯데시티타워, 예례동 휴양형 주거단지, 그린시티, 한라산과 비양도 케이블카 설치등 도심지와 중산간 일대의 개발사업도 그러하고 최근 제주도정에서 제시한 「건축물 고도관리 기본계획(안)」도 그러하다. 특히 「건축물 고도관리 기본계획(안)」을 들여다보면 여러 가지 측면에서 상당히 걱정스러운 점이 적지 않다.

　　　　첫째, 건축고도완화 논의의 과정과 검토기간이 적절한가? 건축물고도규제는 도시 전체의 이미지를 형성하는데 중요하기 때문에 신중하게 접근하여야 한다. 특히 계획안에서는 단기계획으로 1년 6개월 시행후 2015년 전면검토를 한다는 논리도 설득력이 떨어진다. 도시관리를 겨우 1년 6개월 정도밖에 내다보지 못하고 있다는 비판을 받을 수밖에 없을 것이다.

둘째, 형평성의 기준이 적절한가? 상업성과 경제성 논리에 의해 건축고도와 완화된 택지개발지역과 그렇지 않은 지역간의 형평성을 거론하는 것은 논리적으로 맞지 않다. 이미 제주의 여건에 맞지 않는 고층고밀화로 개발된 지역을 기준으로 비교하는 것은 문제가 있는 것이다. 원도심은 해안에 인접해 있는 해안도시이자 제주의 정체성을 보여주는 역사도시이다. 반면 신제주는 주택보급률 확보라는 논리아래 아파트중심으로 개발되었고 개발기업의 상업성과 경제성이 덧씌워지면서 개발된 도시이다. 근본적으로 원도심과 신제주의 장소적 가치와 의미, 도시형성의 접근방식이 다른 곳을 형평성의 논리로 접근하는 것은 원도심에 대한 역사인식과 도시를 바라보는 태도와 인식의 문제와 직결되는 것이기도 하다.

셋째, 건축고도완화만이 지역활성화가 가능한가? 제주도의 도시개발에 있어서 표면적으로 내세우는 논리의 핵심 키워드가 랜드마크, 지역 경제활성화, 상징성이다. 그러나 높고 큰 것 만이 랜드마크와 상징성이 될 수 없음은 국내외 여러 사례를 통해 알 수 있는 사실이다. 더욱이 건축물 고도완화를 통해 건설경기가 개선되고 주민의 삶의 질이 개선되며 나아가 지역활성화가 이루어진다는 논리는 설득력이 떨어진다. 대규모의 물리적 개발을 중단하고 지역의 정체성과 다양한 자원을 극대화하는 도시개발에 치중하는 네덜란드, 독일, 브라질 등의 선진도시 사례를 조심스럽게 검토하기를 권하고 싶다.

넷째, 「선보전 후개발」의 도정기조에 모순되지 않은가? 보전은 대상은 물리적 자연환경의 생태적 가치뿐만 아니라 장소와 공간의 가치, 경관의 가치 등 비물질적인 가치도 포함되는 것이다. 그럼에도 불구하고 장소와 경관을 훼손하고 역사의 흔적을 지우는 개발은 상당히 우려스러운 것이 아닐 수 없다.

우리에게 도시는 개인적인 삶의 터이기도 하고 집단적인 공동체 공간으로서 상호의존적 보완의 관계속에 살아가는 공간이다. 이러한 활동의 결과들이 축척되고 오랜 세월의 흐름속에서 성숙되면서 독특한 지역의 문화가 형성되는 것이다. 우리는 그것을 정체성이라 한다. 요즈음 유행하는 창조도시, 문화도시들이 그러하고 제주도가 지향하는 환경수도 역시 그런 도시와 지역을 꿈꾸는 것이 아니겠는가! 그러나 도시관련 각종 마스터플랜과 기본계획을 들여다보면서 지금 제주도의 도시는 무엇을 꿈꾸고 있는가! 우리에게 어떠한 도시를 가꾸어 가려는가! 깊은 자기성찰이 필요할 때라 생각된다.

제주시 원도심 재생의 전략 03

2012년 원도심 재정비 촉진지구해제 이후, 현재 논의되고 있는 원도심 재생사업의 내용을 들여다보면 도시재생과 도시재개발에 대한 이해부족에서 시작된 문제점이 적지 않다. 유럽의 경우 도시 내부시가지의 쇠퇴문제, 미국에서의 도시외곽으로의 확장 및 도시인구감소 등에 따른 기존시가지 성장 침체 문제 등이 나타난 20세기 중반부터는 기존의 재개발 개념과는다른 더욱 적극적인 도시개조방식 즉, 도시재생방식을 도입하였다.

도시재개발은 주거환경개선, 주택공급의 문제, 급속한 도시화에 대한 대처를 위한 방안으로 인식하는 반면 도시재생은 삶의 질을 충족시키고, 도시민들의 문화적 욕구를 해소하고 다른 도시와는 차별화되는 도시생활공간 창출을 통해 도시의 경쟁력 확보, 환경 보존, 변화하는 인구구조에 적극 대응하는 것이 주요 목적이라고 할 수 있다.

따라서 도시재생은 과거의 도시재개발과는 달리 주거지 개선중심의 물리적 환경 개발이 아니라 주거, 상업, 업무의 복합적인 용도를 담는 개발일 뿐만 아니라 예술, 문화 등이 포함되는 것으로 지역경제의 재건, 지역문화의 부흥, 그리고 새로운 도시 생활양식을 구축하려는 새로운 도시개발정책이라고 할 수 있다.

원도심 산지천 주변의 현황을 보면 모든 지역이 쇠퇴되거나 낙후된 것이 아님을 알 수 있다. 지역의 여건에 맞게 부분적으로 개선해 나가는 접근방안이 필요한 이유도 여기에 있는 것이다.

연면적

건축연도

도로현황

건축물규모와 배치

그렇다면 제주시 구도심 재생사업에는 어떠한 쟁점이 있으며 개선방향을 어떻게 찾아야 할 것인가?

첫째, 재생사업 구역과 방식의 문제이다.
재정비 구역의 범위가 너무 넓어 사업추진에 적지 않은 어려움이 예상될 수밖에 없으며 특히 사업방식에 있어서도 기존 도시재개발방식에 접근하는 방식과 같은 토지이용계획이어서 사업의 실효성이 있을지 의문이다. 외국의 사례를 고려할 때 도시공간의 핵심적인 지역에 한정하여 집중적으로 공공성이 강한 공간을 추진함으로서 적은 예산으로 사업의 효율성을 높이고 시민의 삶의 질을 높일 수 있는 방향으로 재검토 되는 것이 필요하다고 생각된다.

둘째, 공공시설과 공공공간의 확보문제이다.
도시재생의 성격을 고려할 때 공공성이 있는 사업프로그램이 포함되는 것은 필수적이라 할 수 있다. 공공시설과 공공공간은 교육시설과 문화시설, 광장, 그리고 친환경 교통수단 등을 의미하는 것이며 이들 시설과 공간을 구도심 지역에 적절히 배치하는 것은 중요한 재생수단이자 시민의 삶의 질과 직결되는 문제이다.

셋째, 사업주체의 문제이다.
도시재생이 갖는 사업의 특수성이나 공공성을 고려한다면 행정에서의 참여가 필수적이라고 생각되며, 리스크 분담과 사업내용의 효율성을 확보하기 위해서는 제3섹터방식이 중요하다고 생각된다. 여기에 참여하는 조직은 제주도, JDC, 제주개발공사, 금융권, 그리고 토지주의 참여로 구성이 바람직 할 것이다. 제3섹터방식은 막대한 비용의 부담을 줄임으로서 개발 리스크를 분산 시킬 수 있고 특히 공공기관의 참여를 통해 사업의 공공성을 담보할 수 있다는 신뢰성을 갖게 된다는 점이다.

넷째, 건축물 고도 및 용적률 완화 문제이다. 현행의 건축물의 고도와 용적률만으로도 경관 훼손문제가 발생할 가능성이 있음에도 사업성과 주민의 요구에 의해 건축물 고도와 용적률 완화가 논의되고 있는 것으로 전해진다. 대상지역이 해안에 인접해 있는 낮은 지형이어서 건축물 고도 및 용적률 완화는 결국 심각한 경관훼손으로 이어질 수밖에 없을 것이다. 그리고 이와같은 건축물 고도와 용적률 완화는 단기적으로는

 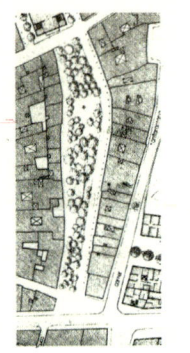

스페인 바로셀로나의 도시재생방법은 공원, 광장 등 공공공간의 창출을 통해 쇠퇴한 지역의 활력을 회복하고자 하는 도시개발방식이었다.

사업이전의 모습 　　공간정보 계획도

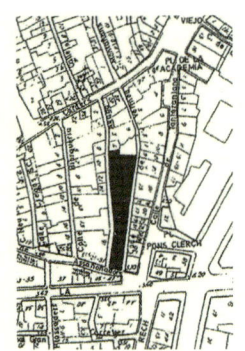 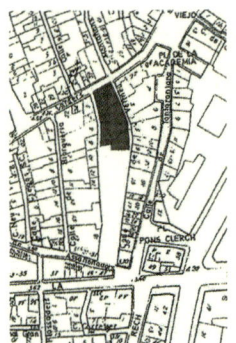

1991년, 1992년 단계별 철거후 공원조성 과정
(출처 : 阿部 大輔, バルセロナ旧市街の再生戦略、学芸出版社、2009年)

효과적일지 모르겠으나 장기적으로는 도시공간의 매력이 떨어져 새로운 도시슬럼화의 가능성이 높아 신중한 검토가 필요하다고 할 수 있다.

　　끝으로 도시재생사업은 주거기능을 중심으로 상업기능이 혼재된 이른바 복합개발이 필요 하지만 역사와 문화의 자원을 적극 활용하는 지혜도 필요함을 강조하고 싶다. 이런 점들이 간과된다면 탐라의 역사와 제주의 정체성이 사라질 것이기 때문이다. 동시에 제주의 도시경관형성과 더불어 제주적인 도시공간과 건축적 양식을 개발하고 정착 시킬 수 있는 절호의 기회로 삼아야 할 것이다.

제주시 원도심 재생에 서울북촌마을이 시사하는 점

04

디자인서울 프로젝트가 추진되면서 최근 서울의 모습이 많이 변화되었다. 거리의 풍경이 바뀌어가고 있고 곳곳에 문화시설들이 들어서고 있다. 그중에 관심을 끄는 것이 서울을 서울답게, 지역을 지역답게 만들기 위한 역사문화공간의 활성화사업이다. 대표적인 곳이 북촌일 것이다. 북촌을 둘러보면 제주의 원도심이 갖는 지리적 공간적 유사성과 가치, 그리고 재생사업의 문제점을 생각하게 된다. 한양의 중심이었던 종로와 청계천의 윗동네라고 하여 북촌으로 불리어지게 되었다고 하는데 주로 살림집으로서의 한옥이 밀집되어 있는 장소를 의미한다. 경북궁과 창덕궁 사잇길에 위치한 북촌은 풍수지리에 근거하여 자리 잡아 자연환경과 아늑하고 정취 있어 양반들이 집단적으로 거주하였던 대표적인 주거공간이었다.

그러나 지금은 서울의 한복판, 종로에 자리잡은 북촌은 일상적인 생활이 이루어지는 생활공간이자 이제는 한국의 주거문화를 보여주는 곳이자 문화적 가치를 향유할 수 있는 대표적인 문화관광의 장소로 거듭나고 있다. 북촌이 가진 매력중의 하나는 과거 양반들의 삶을 짚어 볼 수 있는 전통한옥의 양식이 고스란히 남아있다는 점도 있으나 감사원, 헌법재판소, 현대사옥등 현대적인 공공건축물이 한옥사이에 혼재되어 있고 최근에는 윤보선 자택, 한성은행터, 광혜원터 등 복원사업, 그리고 한옥 보존의 노

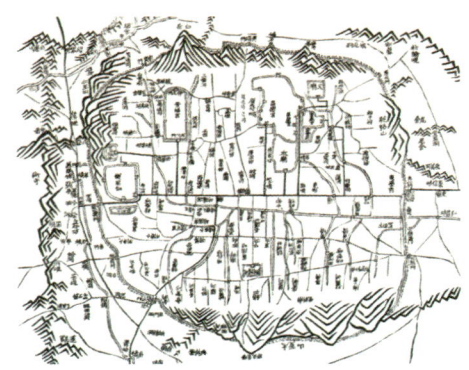
대동여지도 한양도성

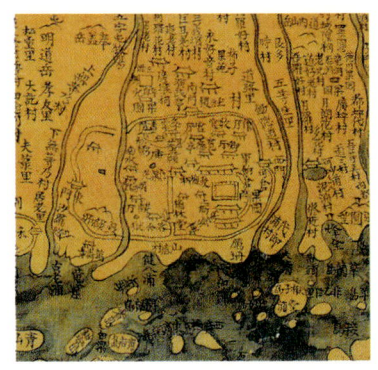
제주목(호남전도, 부분확대)에 나타난 옛길과 공간. 현대도시공간에도 여전히 옛길과 공간의 흔적을 찾을 수 있다.

력에 힘입어 현대적인 한옥이 들어서게 됨으로서 한옥의 변화와 함께 전통과 현대가 혼재되어 있는 대표적인 역사박물관이라는 점이다.

북촌의 또 다른 매력은 풍경을 간직한 장소라는 점이다. 서로 어깨가 닿을 듯하게 자리잡은 한 채, 한 채의 한옥, 하나 하나의 골목길에는 저마다의 멋들어진 정취를 갖고 있다. 그러나 더욱 매력적인 것은 고풍스러운 골목길 공간속에서 느낄 수 있는 경치가 곳곳에 숨겨져 있다는 점이다. 이곳을 북촌8경이라 부르며 이곳을 따라 거닐게 되면 북촌의 역사와 문화적 가치, 그리고 북촌스러운 경치를 눈과 마음으로 느끼고 체험할 수 있는 매력적인 장소이다.

북촌은 과거와 현재, 전통과 현대, 양반과 서민의 삶을 체험하고 보고 듣고 느낄수 있는 곳, 즉 공간의 매력, 시간의 변화, 사람 살아가는 모습이 고스란히 담겨져 있기에 더욱 매력적이고 많은 사람들이 사랑하는 장소가 되었다는 점이다.

제주 원도심에 남아 있는 옛길의 흔적 역시 보존하고
활용해야 할 중요한 문화자원이다

　　　　제주의 원도심 역시 서울 북촌과 지리적, 공간적 유사성을 갖고 있다. 관덕정을 비롯하여 복원된 제주목의 관청건축물들이 있고, 비록 초라한 외관을 유지하고 있지만 여전히 전통적인 건축양식과 공간을 유지한 주거건축물이 남아있으며, 아름답고 정감어린 골목길들이 남아있기도 하다. 또한 문화적 가치를 갖는 근대건축물 역시 곳곳에 남아있다. 게다가 산지천과 한천, 병문천이 가로지르고 있으니 서울 북촌보다 더욱 매력적인 도시공간이 아닐 수 없다. 그러나 이러한 잠재적인 가치가 많은 원도심을 현재 추진중인 도시재생사업에서는 서울북촌과 같이 효율적인 자원 활용과 보존, 그리고 복원을 통해 공간의 매력, 시간의 변화, 사람 살아가는 모습을 제주 원도심에서 몸으로 체험하고 마음으로 느끼고 머릿속에서 역사를 의식할수 있는 사업이 담겨 있지 못한 것이 아닌가 아쉬움과 걱정이 남아 있다. 더욱 완화될 건축물의 높이도 그러하거니와 대규모 집합주택, 획일적인 도로 등 지극히 상업적 논리의 접근이라는 생각이 든다. 물론 개발비용을 확보하기 위한 최선의 방안이라는 논리로 설명할수 있을 것이다. 그러나 스페인 바르셀로나의 도시재생 성공사례를 들여다 보아도 그러하고 서울 북촌의 사례를 통해서도 알수 있듯이 가장 중요한 것을 유지하고 보존하며 새로운 것을 창출하는 진지한 고민과 구체적인 방안이 필요하다는 것이다. 1914년 일제강점기때 철거하여 자동차도로가 되어 버린 제주 성城과 주변공간을 복원하기 위한 방안을 적극적으로 마련하고 있는지, 그리고 관덕정과 제주목에 어울리는 현대적인 전통가옥을 활성화 시킬수 있는 방안은 없는지, 현존하는 골목길의 골격과 체계를 유지하면서 서울북촌 8경과 같은 "원도심 8경"을 만들 수 없는지 또한 도심속을 여유럽게 거닐며 제주의 예술과 음식, 공예의 멋과 맛을 등을 즐길수 있는 문화상업 시설을 혼재시킬수 없는지, 디즈니랜드와 같은 대규모 관광지를 찾아가는 관광객을 원도심속으로 끌어들이기 위해 산지천과 한천, 병문천을 기반으로 하는 체류형 공간 활성화와 전통재래시장과의 연계와 면세 쇼핑공간의 혼재는 불가능한지 등등 도시재생의 전략에 맞게 여러 가지 검토할 부분이 많으리라 생각된다.

서울의 뉴타운과 제주의 올드타운　05

　　　　서울시가 뉴타운개발 예정지역으로 지정한 331곳에 대하여 지정 취소는 도시개발에 대해 여러가지 생각하게 하는 점들이 많다. 정상적으로 뉴타운개발이 진행되지 않은 채 지역주민의 사유재산권 행사문제, 그리고 투기과열 등 적지 않은 문제가 발생하고 있기 때문이다. 이들 지역의 대부분이 선거 공약으로 제시되어 무분별하게 뉴타운 개발지역으로 지정된 곳이다. 이러한 현상에 대하여 「아파트 공화국」의 저자인 여류 지리학자 발레리 줄레조는 단순히 자산소득증가를 원하는 중산층의 욕망 충족을 위해 아파트 공급이 이뤄지는 것이 아니라 가격이 통제된 아파트를 대량 공급함으로써 중산층의 정치적 지지를 획득하려는 권위주의 정권의 이해와도 관련이 있다고 하였다. 이러한 메커니즘은 '뉴타운' 계획 같은 도심재개발을 통해 기존의 낙후지역이 아파트단지로 대체되면서 중산층이 유입되고 이들이 보수정당의 지지기반이 될 가능성이 구조적으로 많다는 점을 언급하며 정치적 문제점을 지적하기도 하였다.

　　　　기본적으로 뉴타운 개발은 낙후된 지역이 주거환경을 개선한다는 취지의 개발사업으로 단독주택, 다가구주택 밀집지역을 개발하여 대단지 아파트와 넓은 도로와 공원으로 주성되는 미니 신도시로 재개발하는 것이다. 그러나 정치적 배경에서 시작된 뉴타운개발은 기존의 소박한마을의 풍경과는 다른 거대한 아파트 숲으로 변하고 고밀도 개발로 인해 주차난의 심화, 그리고 고층아파트를 과밀하게 건축하여 주택 보급율을 높이고 개발사업의 경제적 이윤을 극대화 하는 지극히 상업적 가치판단에 치중되어 왔다. 무차별적이고 무계획적인 뉴타운개발은 한국의 주거문화를 왜곡시키고 도시의 풍경마저 기형적으로 만들어 삶의 질과 도시의 경쟁력을 상실하게 만들어 왔다.

영화 "초록물고기"의 장면. 평화롭던 농촌이 뉴타운개발로 인해 가족해체와 풍경이 어떻게 변하는가를 잘 묘사하고 있다.

제주의 현실 역시 마찬가지이다. 현재까지도 지역곳곳에 조성되고 있거나 조성될 도시개발 사업은 지역여건에 맞지 않는 고층고밀화 아파트를 대량 생산함으로서 주택보급율과 주거환경 개선이라는 긍정적인 면보다는 인구의 집중화, 지가상승, 부촌富村과 빈촌貧村의 공간재편 등 부작용도 적지 않은 것이 현실이다. 제주사회 이슈중의 하나인 원도심재생 사업을 비롯하여 많은 도시개발사업이 삶의 질적 문제보다는 정치적 혹은 경제적 논리에 의해 결정되고 집행되는 측면이 강하다.

그러나 서울의 뉴타운 문제를 통해 알 수 있듯이 제주의 도시개발사업도 조만간 기로岐路에 서리라 생각된다. 서울시가 뉴타운 지정을 해제하는 대신 단독주택이나 연립주택 같은 저층주거지를 개발 확대하는 방향으로 개발정책을 전환하려는 움직임은 향후 도시계획에도 적지 않은 변화를 가져다 줄 것으로 예상되기 때문이다. 제주시와 서귀포시를 비롯하여 제주지역에는 올드타운-노후지역이 적지 않게 산재해 있다.

그러나 제주지역만의 올드타운 문제와 매력적인 요소들을 내포하고 있다는 점을 간과해서는 안된다. 올드타운의 물리적 환경은 노후화되어 있으나 성숙된 지역주민들의 결속력과 지역만이 갖고 있는 삶의 흔적들, 그리고 애착과 향수를 느끼게 하는 장소들이 스며들어 있다. 이러한 요소들을 존중하면서도 불편한 생활공간을 개선하는 방향으로 도시개발사업이 전환되어야 할 것이다. 이제는 뉴타운이 아니라 올드타운 개발방식에 더욱 많은 관심을 가져야 할 때이다. 지역정체성은 지역사회의 물리적 여건이 고려되고 지역주민의 삶이 지속되어 갈 때 가능한 것이다. 뉴타운 개발과 같은 방식으로는 지역 정체성을 담보할 수 없기 때문이다.

06 / 도시재생에서의 공공미술의 기능과 역할

우리나라 모든 도시, 지역이 안고 있는 문제는 노후老朽화와 공동空洞화 현상이다. 이는 확장중심의 도시개발로 인해 오랫동안 삶의 흔적이 축적되어 왔던 도시 내부가 상대적으로 기능이 약화되었고, 또한 도시중심의 산업집중과 생활권 형성은 농촌지역의 과소過疎화로 이어져 심각한 사회문제를 야기 시키고 있는 것이 우리의 현실이다.

이러한 생활환경의 문제는 이미 오래전부터 지적되어 왔던 문제이기는 하지만, 지역의 정체성Identity과 쾌적성Amenity을 확보하는 것, 이것이야말로 도시공간 재생의 시작목표라고 할 수 있을 것이다. 도시재생에서의 접근방법의 하나로 생각할수 있는 살기좋은 마을만들기 즉 생활공간의 재창출에 있어서 중요한 요소는 환경디자인이라고 할수 있다. 이와 같이 디자인의 중요성이 부각되면서 문화시장, 문화도시의 창출이라는 슬로건 아래 우리의 생활무대인 도시를 문화라는 키워드로 대대적인 개조가 시도되고 있는 것이다. 디자인위원회가 만들어지고 중앙정부의 각 부처에서는 다양한 사업 프로그램을 제시하며 지방 자치단체 차원에서 사업을 추진하도록 적극 지원하여 유도하고 있기도 하다.

디자인이란 아름답고 편리함을 창출해 내는 것이다. 여기에 공공이라는 단어가 상당한 의미를 갖는 것이다. 공공公共의 의미는 일반 사회의 여러 사람들과 정신적, 물질적으로 함께 하는 것을 말하며 사회적 의미, 즉 Social의 의미를 갖는 것이다. 사회적 의미는 대중성을 갖는 것이며 함께 공유共有할 수 있는 것을 의미하는 것이다.

따라서 공공 디자인이 추구하는 공공성 내지는 대중성을 높이기 위해서는 사회적 의미를 중시하고 깊이 있는 분석을 통해 대중의 다양한 생활행위를 수용하고 때로는 유발시키고 건축 환경에 대한 디자인과 이를 지원하고 조화되는 장치물을 만들어 내는 공공디자인이 되어야 할 것이다.

일반적으로 공공디자인의 관련분야는 크게 3개의 범주,
1) 공간디자인(경관, 기반시설, 건축 및 환경),
2) 시설물디자인(보행 및 운송물, 편의시설, 관리시설, 정보시설, 행정시설),
3) 이미지디자인(정보매체, 상징매체, 환경연출)
이다.

그런데 추진되고 있는 공공디자인사업의 내용을 보면 거의 대부분이 가로의 시설물디자인을 중심으로 이루어지는 있는 경향이 강하다.

기본적으로 공공디자인은 가로등, 간판, 휴지통 등 개별적인 시설물의 미적 아름다움에 가치를 두는 것이 아니라 그 시설물이 위치하게 될 공간과의 조화에 있는 것이다. 다시 말하면 사람들의 생활행위를 담는 3차원적인 공간의 크기와 깊이, 형태와 색채, 그리고 넓게는 인접한 공간과의 관련성에 의해 사회적 대중성과 문화적 가치를 만들어 내도록 듣고, 즐길 수 있는 시설물과 그러한 생활공간을 새롭게 개선하거나 창출해 내고자 하는 것이 공공디자인의 기본 취지인 것이다. 일상적인 생활공간이자 공용공간이라고 할 수 있는 거리와 오픈 스페이스에 설치된 장치물로서의 공공디자인 설치물이 좋은 사례이다. 이들 공공디자인의 설치물들은 거리의 장식물이기도 하고

쇼핑몰의 전용 보행로에 설치된 모빌조형물은 소리音와 움직임動, 그리고 시각視적 자극을 주는 놀이감이자 거리를 아름답게 장식하는 조형물이다 코오베의 하버랜드

사람과 장치물이 일체가 되어 보고 듣고 즐기는 기능적인 장치물로 디자인되어 있는 것이 특징이다.

현재 제주지역에서의 공공디자인 사업 역시 적지 않은 우려가 있는 것도 사실이다. 주민들이 자발적으로 참여하고 함께 아이디어를 도출하면서 실질적인 삶의 질적 개선과 가치를 높일 수 있는 사업추진방법의 개선도 필요하고 이른바 전문가 그룹 역시 미술이나 산업디자인분야의 종사자가 아니라 공간디자인을 다룰 수 있는 전문가 그룹중심으로 추진되는 것이 절실하다고 할 수 있다. 특히 행정기관은 유사한 사업을 조정하고 관리하고 장단기 사업의 구분을 통해 효율적인 공공디자인사업 추진과 이해가 절실히 요구되고 있다.

21세기의 화두중의 하나가 문화이다. 문화의 사전적 의미는 「인간이 자연 상태에서 벗어나 일정한 목적 또는 생활 이상을 실현하려는 활동의 과정 및 그 과정에서 이룩해 낸 물질적, 정신적 소득의 총칭」이라고 설명할 수 있다. 이러한 문화적 요소 중의

통과 통로의 넓은 광장에 설치된 독특한 연주무대상부와 객석은 다양한 사람들이 편안하게 문화공간을 접할수 있는 공공 디자인이다 동경의 록폰기 힐스

단순히 통과하는 사람, 쇼핑하는 사람, 기다리는 사람, 철도를 이용하는 다양한 사람들의 행위가 수용되도록 디자인된 거대한 개방공간에는 다양한 기능의 시설들이 계단과 에스컬레이터로 연결되어 공공성을 높이게 하고 있다 쿄토역

하나가 공공미술이며 이들 요소가 우리들의 일상적인 삶의 터전인 생활공간 속에 스며들어 갔을 때 진정한 문화경관을 창출해 내는 것이다. 나아가 제주도가 의욕적으로 추진하고 있는 국제자유도시 역시 도시와 농촌 마을의 생활공간 속에 내재되어 있는 역사와 문화적 가치를 가꾸고 공공미술과 연계되어 조화롭게 형성되어 갈 때 가능하다는 점을 잊지 말아야 할 것이다.

제3장

도시건축과
생활환경

01 우리나라 도시계획과 생활공간의 위기

과거 우리나라에서는 천도遷都하거나 혹은 새롭게 마을을 형성할 때 적용하였던 가장 중요한 원칙은 배산임수背山臨水이다. 이는 지형지세의 조건을 잘 이해하여 인위적인 구조물에 의한 영향을 최소화하려는 삶의 지혜라고 할 수 있다.

그러나 이러한 일제강점기에 들어 우리나라 도시는 큰 상처를 입게 되었다. 일제의 강압적인 개방압력에 의한 우리나라 항구개방과 더불어 일본인 거주를 위한 식민지도시건설이 추진되었고 결과적으로 조선왕조 500년의 전통적인 성곽도시가 파괴되는 결정적인 계기가 되었던 것이다. 1913년에 시가지건축물규제규칙市街地建築物取締規則을 공포하였는데 기존 시가지내의 도시정비와 도로공사의 집행이 주요 내용이었다. 이 과정 속에서 1907년에 성벽이 철거되었고, 조성왕조의 상징인 궁궐, 문루, 관아 등이 파괴되었으며, 이러한 현상은 지방도시도 예외는 아니었다.

그러나 해방 이후 우리나라 도시는 도시화와 근대화의 물결 속에 또다른 큰 변화를 겪게 되었다. 우리나라에서 도시화가 시작된 것은 1960년대로 거슬러 올라 갈 수 있다. 당시 주택공사의 설치1962년와 도시계획법1962년, 건축법1962년, 토지수용법1963년, 주택자금운용법1963년, 국토건설종합계획법1963년 등 제정을 통해 경제개발

5개년 계획을 근간으로 하여 우리나라에 도시화와 공업화의 물결이 일기 시작하였다. 농촌 지역이 도시 지역으로의 변질, 도시적 사고思考와 가치가 지배하였던 도시화의 과정 속에 우리나라 수도와 지방은 지역성의 훼손뿐만 아니라 생활공간의 피폐와 도시의 역사적 문화적 가치의 상실로 이어지게 되었다. 도시화 근대화의 물결 속에 추진되었던 이른바 근대도시계획은 자연환경에 대한 존중과 배려, 그리고 인간중심의 생활공간 구축과 실현, 역사적 문화적 가치 창출을 위한 기반시설 및 공공건축의 정비가 적절하고도 충분히 반영되지 못하였던 것이다. 제주도시 역시 관광객유치라는 이름아래 해안도로가 건설되어 왔고 이른바 신도시에는 획일적인 격자형 도로가 제주의 지형적인 조건이나 하천의 흐름에 대한 배려 없이 건설되어왔다. 결국 이러한 비합리적이고 비문화적인 도시 개발과 생활공간의 오랜 축적은 고스란히 인간에게 되돌아오기 마련이다.

위기에 처한 도시와 생활공간을 문화의 가치를 바탕으로 개선해 보자는 것이 바로 공공미술 프로젝트이다. 즉, 우리의 생활기반인 도시를 어떻게 가꾸어 갈 것인가라는 거시적巨視的인 목표를 명확히 하여야 할 것이고 미시적微視的으로는 실천 가능한 정책과 전략이 뒷받침되어야 하는 것이다. 그 전략중의 하나가 바로 공공미술프로젝트인 것이다. 일반적으로 공공미술프로젝트는 크게 아래의 3개 범주로 나눌 수 있다.

    1) 「공간디자인」(경관, 기반시설, 건축 및 환경),
    2) 「시설물디자인」(보행 및 운송물, 편의시설, 관리시설, 정보시설, 행정시설),
    3) 「이미지디자인」(정보매체, 상징매체, 환경연출)을 둘 수 있다.

가장 중요한 것은 생활공간을 새롭게 문화적으로 창출하는 「공간디자인」을 중심으로 논의되어야 한다는 점이다. 결국 모든 것들은 공간속에 이루어지는 것이기 때문이다.

02 / 지역만들기와 일본 유후인由布院의 시사점

살기 좋은 마을 만들기가 유행처럼 번지고 있다. 현재의 환경이 살기 어렵다는 것으로 오해될수 있는 표현이기는 하지만 근본적으로는 좀 더 삶의 질을 높이자는 의미라고 할 수 있을 것이다. 그 배경에는 도시는 도시답지 못하고 농촌은 농촌답지 못하기 때문에 마을 만들기가 표면화되기 시작하였다고 할 수 있다.
제주지역에서도 이름은 다르지만 다양한 형태로 살기좋은 마을만들기가 추진되고 있고 나름대로 주민들이 주체적으로 이끌어가고 있고 성공적인 사업들이 적지는 않다.

그러나 한편으로는 추진되는 사업들이 내용적으로 다른 지역에서 추진되는 사업과 유사한 것도 적지 않아 차별적이지 못한 면도 없지는 않아서 개선의 필요성도 지적되고 있다. 특히, 사업을 빨리 처리하려는 조급함에서 벗어나야 하고 사업의 연속성을 갖도록 하는 것도 중요한 부분이기도 하다. 또한 적지 않은 예산을 시설물 건축에 사용하기 보다는 실질적인 삶의 질을 높일 수 있는 사업에 투자되어야 한다는 점 등이다.

이와 관련한 좋은 사례가 일본의 유명관광지 유후인由布院이다.
일본 유후인이 주목받기 시작한 것은 십 수년에 불과하지만 부러움으로 가득한 마을을 만들기 위한 노력은 50년전부터 시작되었다. 성공 비결은 지진으로 어려움을 겪게 된 마을을 재건하기 위해 마을만들기의 기본원칙을 갖고 추진해왔기 때문이다. 즉, 관광지로서의 개발이 아니라 "애착이 가는 마을", "삶의 질을 높이기 위한 개발"에 초점을 두었다는 점이다. 그래서 유후시由布市의 시민들은 지역의 역사와 문화, 그리고 개성있는 환경의 가치를 보존하고 일상적인 생활을 통해 지속가능한 지역계획에 상호 공감대를 형성할수 있었던 것이다. 부동산 개발이 한창이었던 시기에도 땅을 팔아 단기적인 이익을 얻기보다는 대대로 이어져온 가업을 유지하면서 후손들이 어떻게 살아가야하는 가에 더욱 많은 가치를 부여할 수 있었던 것이다. 이러한 노력의 결과로 인해 매년 400만명이 방문하는 유수의 관광지로 새롭게 태어날 수 있었던 것이다.

유후인은 우리들에게 여러 가지를 시사하고 있다.

첫째, 자연환경을 보존하려는 노력이다. 적은 인구를 가진 농촌지역인 유후인由布院 고유의 자연풍경을 가꾸려는 보존활동은 「효율적인 작은 개발」이며 주민들에게는 「삶의 질」로 이어지는 중요한 요소가 될 수 있기 때문이다.

둘째, 대규모개발을 지양止揚하고 소규모의 개발에 초점을 두었다. 이는 관광을 목적으로하는 개발계획은 경제성이 우선시되어 대형화로 갈 수밖에 없으며 그로 인해 유후인 고유의 풍경 훼손과 지역 정체성 상실로 이어지기 때문이다. 지역의 풍경에 조화되도록 소규모 개발을 하거나 기존시설을 효율적으로 활용하는 등 가능한 한 「인위적인 개발」을 자제하였던 것이다.

셋째, 지역의 자원, 즉 온천, 유후다케산, 하천, 들꽃, 지역농산물과 경작지 등을 적극적으로 활용한 관광지화의 전략이다. 「지역자원의 활용」은 개발비용의 문제뿐만 아니라 지역의 정체성을 어떻게 가질것 인가의 문제와 직접적인 관련성이 있는 문제이다. 그리고 다른 지역과의 차별성을 가질수 있는 중요한 자원이기도 하기 때문이다.

넷째, 건전한 주민자치제의 구성이다. 세계최고가 아니라 지역색을 어떻게 찾을 것인가에 초점을 두었고 이를 실천하기 위해서는「지역주민이 주체」가 되는 것이 중요하며 정책에 참여하고 할수 있는 체제를 구축하는 것 역시 중요하다고 할수 있다. 장년층과 청년층으로 구성된 마을가꾸기의 조직과 장래 리더적인 역할을 하게 될 젊은층을 육성하려는 노력이 유후인의 마을을 더욱 빛나게 하는 것이다.

이제는 지역의 새로운 가치와 독창성이 강조되는 시대이다. 이를 신지역주의라 부르기도 한다. 과거의 지역주의가 폐쇄적이고 이기적인 개념이었다면 신지역주의 新地域主義는 역사와 문화적 개성, 그리고 아름다운 환경개발의 독창성을 중요시 하는 개념이라고 할수 있다.

노벨문학상 수상작가, 르클레지오의 "제주찬가"에 담긴 제주의 문화자원에 대해 우리들이 다시 한번 생각해 볼 필요가 있다. 2009년 3월 프랑스판 "GEO" 30주년 기념호에 2008년 노벨문학상을 수상한 작가 르클레지오의 제주관련 기사가 게재되었다. 그의 글에는 밖에서 바라보는 제주의 역사와 문화의 정체성을 어떻게 받아들이고 있는지 잘 보여주는 대목이 보인다.

다음의 내용은 '제주의 매력에 빠진 르클레지오'란 제목으로 쓴 제주찬가의 글이다.

섬에는 우수가 있다. 이게 어디서 나오는지는 알 수 없다. 그것이 마음을 갑갑하게 만드는 이유다. 바다. 아마도. 게다가 모든 것을 물들이는 녹청의 색조. 제주에는 좀 더 강한 감정이 스며 있다. 세계의 끝. 기지既知의 것이 끝나는 쪽의 문, 태평양의 무한함과 지구에서 가장 많은 사람이 살고 가장 넓게 뻗은 대륙의 받침 그 사이에 서 있다.

제주 바다에 온 최초의 서양인 헨드릭 하멜이 난파하기 전에 이 섬을 보았을 때 가졌을 느낌을 상상해 본다. 폭풍우에 밀려 번개 사이로 2,000m 높이로 솟은 거대한 화산의 실루엣을 보았을 때 그는 지옥의 문 앞에 선 듯한 느낌을 가졌을지 모른다.

그러나 이 네덜란드인이 검은 해변을 지나 싱그러운 숲, 용암의 유황 냄새, 칸나와 야생 선인장의 향기를 발견했을 때 지옥의 문이 열리지 않았다는 안도감도 가졌을 것이다.

하멜은 10년 동안 포로가 됐다가 섬을 탈출해 고향으로 돌아갔다. 그는 평생 제주에서 맞은 최초의 순간에 대한 향수, 웅장한 화산, 처음 몇날을 보냈던 어부의 집, 대나무 통속에서 끓인 밥맛, 미역국, 새빨간 김치, 몸을 데우는 소주에 대한 향수를 버리지 못했을 것이다.

오늘날 제주는 온화함과 가혹함, 슬픔과 기쁨의 혼합이다. 검정과 초록의 혼합. 이 섬의 우수는 섬 동쪽 끝 성산일출봉에서 잘 느낄 수 있다. 이 봉은 떠오르는 태양을 마주 보고 선 가파른 검정이다.

성산일출봉을 보고 있노라면 마다가스카르 동쪽의 화산섬 마우리티우스의 모른 봉이 떠오른다. 똑같은 비극을 담고 있다. 성산일출봉은 제주 4·3사건 때 민병대에 끌려온 성산 마을 주민들이 죽어가면서 봤던 바로 그곳이다. 마우리티우스의 모른 봉은 반란 노예들이 인도양으로 솟아오른 봉우리 끝까지 기어올라 허공에 몸을 던진 곳이다.

오늘날 냉전의 기억은 사라졌다. 아이들은 그 바다에서 멱을 감고 자기 조상의 피를 마신 해변에서 논다. 전해오는 얘기에 따르면 성산 마을의 한 여인이 경찰에 남편이 끌려가는 것을 봤다. 남편의 시신을 찾지 못한 채 몇 달이 지나갔다. 어린아이를 데리고 혼자 사는 여인의 삶은 고달팠다.

그러나 운명은 알 수 없는 것이다. 경찰 중 한 명이 그와 사랑에 빠져 청혼을 했다. 고통스러웠지만 여인은 받아들였다. 경찰은 그가 처형했던 남자의 아이를 키우고 자기 아이처럼 사랑했다. 이 감동적이면서 잔인한 역사, 슬프면서도 삶의 욕구로 가득 찬 철학이 제주의 영혼이다.

제주의 신비한 형상 중 가장 친근한 것은 돌하르방이다. 돌의 할아버지. 그는 길이 서로 마주치는 곳이나 마을 입구에, 때로는 바다를 바라보며 서 있다. 그는 높은 모자를 쓰고 있다. 수염을 기른 얼굴은 웃음으로 갈라져 있으나 전구 같은 눈은 감히 자기에게 다가오려는 사람들을 뚫어져라 쳐다본다.

마을 입구에 쌓인 검은 돌탑의 꼭대기에는 날개를 펼친 수리의 형상이 보인다. 지구 반대편 멕시코 중부의 푸레페차 인디언의 마을에서도 똑같은 것을 볼 수 있다.

잡초들 사이에 반원형으로 배치된 당신堂神 조각상. 시간의 밤으로부터 솟아올라 바람과 비에 일그러져 가면이 돼 버린 돌 조각에서 태평양 마르키즈 제도의 폴 고갱 무덤 앞에 있는 오비리Oviri 조각상을 떠올리지 않을 수 없다.

당집의 거대한 나무들은 오방색 리본을 한 채 거인의 팔처럼 낮은 가지를 벌리고 있다. 나무 위 리본은 태양빛에 바랬고 거미줄이 쳐져 있다. 아주 오래된 것이지만 현대 세계에서도 그 자리를 지키고 있다. 새로운 세대가 자연과의 접촉을 되찾으려는 열망을, 모든 추상을 배격한 즉각적이고 감각적인 숭배의 가능성을 여기서 발견한다.

제주는 감정의 섬이다. 한국어는 감정적 뉘앙스가 많은 언어다. '정情'이나 '한恨'은 번역이 불가능하다. 효성, 혈연, 원한, 한국 영화는 그런 것으로 가득 차 있다.

제주에는 보람이란 감정이 있다. 그것은 고통과 긍지가 섞인 것이다. 이런 감정이 해녀에게 있다. 어릴 적 태평양 섬에서 조개나 진주를 캐기 위해 반쯤 벗은 몸으로 바다에 뛰어드는 여성에 관한 에로틱한 글을 본 적이 있다.

그러나 진실은 산문적이다. 해녀는 실제로는 고기잡이의 프롤레타리아다. 하늘과 바다의 상황이 어떻건 매일 바다에 뛰어들어 조개를 잡는다. 오늘날 제주 해녀의 대부분은 나이든 여성이다. 그들은 관절염 류머티즘 호흡기장애를 안고 산다. 채취할 수 있는 양은 줄어들고 그들은 점점 더 멀리, 점점 더 깊은 곳으로 가야 한다. 그러나 그들을 지탱하는 것은 보람, 즉 희생의 정신이다. 그들의 딸이 더 나은 삶을 사는 것은 다 그들 덕분이다.

제주 사람은 늘 바다로 향한다. 바다는 고기를 제공하고 뗏목을 제공한다. 외부의 침략이 시작되고 파괴적인 태풍이 오는 것도 역시 바다로부터다.

바다와 죽음의 이상한 근접. 여행자를 감싸는 우수의 감정이 태어나는 곳이 여기다. 진실하고 충실하고 환상적인 제주, 모든 계절에 그렇다.

르클레지오의 글은 제주의 문화자원을 어떻게 만들어 가야할것인가 새롭게 고민해야할 부분을 제시하고 있다고 생각된다.
고민거리는 행정당국만의 몫은 아닐것이다. 제주국제자유도시의 목표와 세계자연유산을 갖고 있는 제주의 마을만들기는 역사와 문화의 가치를 어떻게 높일 것인가 지역주민 스스로가 자신이 살고 있는 지역을 들여다 볼수 있는 지혜와 지식이 필요한 시기이다.

03 자연녹지지역은 개발대상 지역인가!

2013년도 제주도시건축분야의 이슈중의 하나는 탑동추가매립, 건축물 고도완화, 도시계획 조례 개정 등을 들수 있다. 도시계획 조례개정안에는 생산 녹지지역, 자연녹지지역 등에서의 소매점 규모축소, 일반상업지역에서의 건폐율 축소, 그리고 제주시 동지역 하수도 미설치지역에서의 개발행위 허가 규제 철폐 등 민감한 사항을 포함하고 있었다. 특히 제주시 동洞지역 자연녹지 개발행위 기준은 난개발 방지와 사유재산권 보호의 의견 대립이 심했던 사항이어서 적지 않은 관심이 집중되었다. 제주시 동지역 하수도 미설치지역에서의 개발행위 규제의 배경은 2001년 8월 4일 그린벨트 해제를 하면서 급속한 개발로 인한 도시경관 및 주거환경 훼손을 방지하기 위해 2005년 5월 16일 제주특별자치도 자체적으로 개발허가규제를 설정하여 도로전면 하수도 연결이 가능할 경우만 개발허가하였으나 2010년 1월 13일 조례개정을 통해 연결거리 200m 거리를 기준으로 완화하여 개발행위를 규제해 오고 있었다. 사유재산권 침해의 논란이 있음에도 불구하고 일정부분 긍정적인 역할을 하고 있다고 평가된다.

그러나 10년이 지난 지금 행정구역의 통폐합과 경관관리 계획의 변화 등 사회적 여건을 고려할 때 단순히 하수도연결 거리만으로 개발행위를 규제하기에는 한계가 있었을 것이다. 제주특별자치도의 도시계획 조례 개정안에서는 난개발 방지 차원에서 하수도 미설치 지역의 개발행위허가제한 규정을 폐지하고 현재 자연녹지 4층 건물을 3층 건물로 제한하는 방안을 제시되었다.

법률적 근거가 미비한 하수도연결 200m거리 제한에 대한 법률상의 문제해결과 사유재산 침해의 민원해결을 고려하면서도 난개발을 방지하려는 행정당국의 고민이 엿보이는 부분이라 생각된다.

그러나, 제주특별자치도의회에 개정안이 상정되지 못하고 있다가 재상정되면서 도시계획조례개정안은 종전과 같거나 완화됨으로서 오히려 난개발로 이어질수 있는 우려를 낳고 있다.

토지주들의 재산권 행사가 어느 정도 자유롭기는 하지만 반면 난개발로 인한 환경훼손문제와 함께 자연녹지지역에서의 집중적인 개발로 인하여 도심공동화 현상 심화, 그리고 장기적인 도시관리에 상당한 어려움이 예상된다. 실제로 하수도 연결거리 200m로 완화한 이후 2011년 자연녹지지역에서의 건축허가가 약 27%나 증가하였고 제주시 동지역 자연녹지지역에서의 건축행위의 경우 2009년~2010년 대비 공동주택 90% 증가, 노유자시설 83%, 단독주택 76% 증가 하였다는 점을 고려할 때 좀 더 신중하게 현상을 분석할 필요가 있을 것이다.

기본적으로 자연녹지지역은 국토의 이용 및 계획에 관한 법률에 의해 세분된 용도지역으로 자연환경, 농지, 산림 보호 및 도시의 무질서한 확산을 방지하면서도 장차 도시개발이 확대됨에 따라 단계적으로 개발될 유보지적 성격도 있고, 도시지역의 자연경관을 유지하기 위해 주로 녹지의 보전을 목적으로 일정한 구역을 정한 지역이다. 그럼에도 불구하고 토지주와 개발업자 등 이해당사자들에게는 언제든 자유롭게 개발할 수 있는 지역으로 인식하는 경향이 있어서 난개발로 이어질 우려가 높은 것이다. 자연녹지지역이지만 모든 지역을 개발할 수 있는 것이 아니며 개발이 어려운 지역 혹은 개발해서는 안되는 지역에 대한 정확한 현황분석을 통해 개발과 규제관리를 세분화하고 조정할 필요성도 있으리라 생각된다.

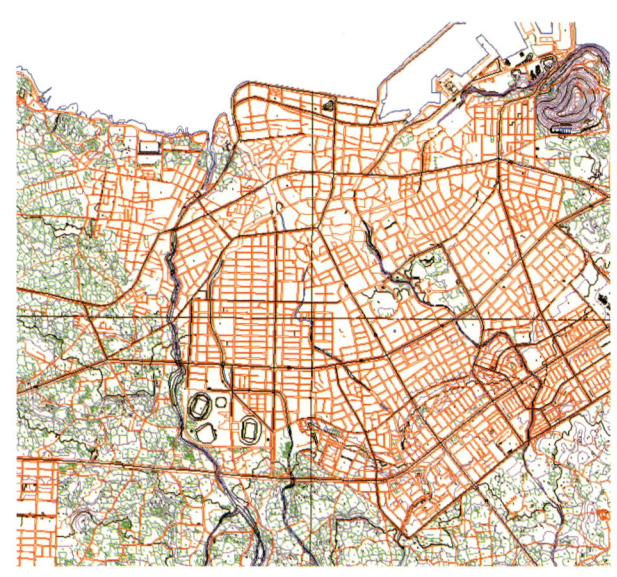

도시외곽을 둘러싸고 있는 자연녹지지역

　　　　가깝게는 제주 도시의 배경경관지역이기도 하고 도시의 외연적 확산방지를 통해 지역발전 균형의 요소로서, 그리고 먼 훗날 후손을 위해 남겨두어야 할 개발유보지 자연녹지지역을 효율적으로 관리하고 개발하기위해 행정당국의 정책이 필요한 시기이다.

시민복지타운내 시청사부지활용 어떻게 할 것인가!

04

시민복지타운으로 제주시청사의 이전계획이 부지조성이후 약 11년만에 백지화 되면서 부지활용방안을 둘러싸고 오랜 논란이 지속되고 있다.

논란을 보면서 행정은 계획된 시청사를 이전하지 못한 점, 그리고 제주시 동(洞) 지역의 외연적 확장을 막기 위해 더 이상의 택지개발을 하지 않겠다고 했음에도 불구하고 공동주택을 건설방향으로 논의 시작하였다는 점은 신뢰성에 훼손을 주는 결과를 가져왔다. 시민복지타운 시청사부지 활용에는 원칙을 세워 추진 할 필요가 있다. 제주시 도시계획의 큰 틀을 유지한다는 점, 도민의 복지와 연계되어야 한다는점, 시민복지타운 토지소유자의 삶의 질을 향상시켜야 한다는 점이다. 이러한 원칙을 바탕으로 논란을 신속하고 설득력 있게 마무리하기 위해 다음 사항을 중심으로 재검토 될 필요가 있을 것이다.

첫째, 공공성 확보와 개발방식 문제이다.
시청사부지가 갖는 공공성을 그대로 유지할 수 있는 공공기능의 시설, 즉 기본적으로는 지역의 대표적인 공원화 조성을 전제로 하되 부가적으로 소규모 문화공연장, 어린이시설, 예술창작 스튜디오등의 시설을 최소화하여 도입하는 것이 바람직하리라 생각된다. 공원중심의 지역 활성화 사례는 여의도공원을 비롯하여 뉴욕 센트럴 파크 등이 있다.

문제는 매력적인 공원으로 조성하기 위한 적절한 프로그램을 담는 것이다. 공론화를 거친 개발프로그램의 토대위에 공공성담보를 위한 공기업의 참여가 필수적이라 생각된다. 즉 행정당국과 제주개발공사, 제주관광공사, 그리고 제주특별자치도 개발센터JDC가 최소한의 개발 비용을 부담하여 공원화와 공공시설을 건축해 나가는 방법도 상당히 설득력이 있으리라 생각된다. 그리고 필요에 따라 민간개발업체가 개발에 참여하거나 운영관리를 위탁하는 방식이 검토될 수 있는 부분이다.

둘째, 용도변경 문제이다.
시청사 부지는 지구단위계획상 시청사 이외에는 다른 용도로 사용될 수 없도록 계획되어 있다. 그럼에도 불구하고 선행적으로 공동주택 건설을 전제로 공모안을 받았던 점도 문제일 뿐만 아니라, 이를 요구하는 지역주민에게도 장기적으로 득(得)이 될수 없을 것이다. 특히 이미 짜여진 지구단위계획은 시청사 이전을 전제로 계획된 도로와 공간체계여서 이를 고려한 활용방안이 검토되어야 할 것이다.

셋째, 특혜논란 문제이다.
시청사 부지의 북측에는 약 20,000㎡ 규모의 광장이 조성되어 있다. 이 광장은 시청사를 방문하는 사람과 시민을 위해 조성된 공간이다. 만약 공동주택을 비롯하여 민간투자시설이 건설 된다면 위치와 공간구조상 광장은 민간투자시설에 부속된 광장으로 사용될 가능성이 높고 공공성도 상실될 것이다. 특히 남측의 단독주택지역은 상대적으로 층수가 낮은 건축물이어서 시청사 부지에서는 한라산을 한눈에 바라볼 수 있다. 특히 공동주택이 개발된다면 공동주택의 가치와 프리미엄을 높게 하는 것이어서 간접적으로 민간개발업체에게 특혜를 주었다는 논란으로 이어질 가능성이 높다고 생각된다.

필자가 제안하는 시민복지타운 공원화의 이미지
기존의 지형과 식생은 가능한 한 존치시키고, 시민들이 계절에 따라, 밤과 낮의 변화에 따라 여유롭게 땅과 하늘을 즐길수 있는 공원이다.

　넷째, 주거환경 문제이다.

공동주택과 같은 민간투자시설이 건설 된다면 사업성확보 차원에서 건폐율과 용적율, 고도제한에 대한 완화요구가 있을 수 밖에 없을 것이다. 이렇게 된다면 단독주택중심으로 조성된 시민복지타운내 교통량 증가와 경관 등 주거환경이 상대적으로 바빠질 수 밖에 없을 것이다. 이는 쾌적한 주거환경을 꿈꾸는 토지를 매입한 기존 토지소유자들에게 새로운 피해를 안겨주는 것이기 때문에 더욱 신중하게 검토되고 추진되어야 하는 것이다.

05 / 도시공원이 왜 중요한가!

건축 행위는 인간의 생활을 위해 만들어지는 인조환경이며, 이러한 행위 자체는 자연환경을 파괴하는 결과로 연결되기 쉽고, 도시공간은 자칫 메마르고 삭막한 공간으로 변질될 가능성이 높을 수밖에 없다.

적극적인 자연환경보전과 도시민의 쾌적한 생활환경조성을 위해 도시속에 오픈 스페이스의 확보가 필요한 것이다. 기본적으로 오픈 스페이스는 도시민의 외부활동을 위한 공개공지公開空地로서, 주거생활 이외에 다양한 도시민의 생활을 유도하기 위해 도시속에 독립된 수림지, 초지 등으로 구성된 공공성이 강한 녹지화된 개방적인 공지이다. 특히, 수림지로 구성된 오프 스페이스가 공원녹지이며 일반적으로 도시공원이라고 부르고 있다.

서구도시는 산업혁명을 계기로 하여 도시속에 많은 녹지공간을 확보하고자 하였다. 그러나 뒤늦게 근대화가 시작된 우리나라의 경우, 도시 시설중에서도 가장 부족하고 취약한 것이 공원녹지라고 할 수 있다. 도시공원과 반대되는 것이 자연공원이며, 자원공원은 자연경관의 보호와 이용을 도모하기 위해서 국가나 지방자치단체가 지정 운영하는 도시 이외의 공원이다. 공원의 기능은 크게 도시공간적 측면과 자연공간적 측면, 그리고 보건적 측면으로 구분할 수 있는데 도시공간적 측면은 시가지의 확대를 방지하고 방재와 안전한 생활공간을 확보하는 기능이 있고 자연공간적 측면에서는 수목공간을 확보하고 경관을 조성하는 기능을 갖고 있다. 그리고 보건적 측면에서는 일반시민들의 적절한 운동공간을 확보하고 나아가 휴식공간을 제공 한다는 측면에서 상당히 중요한 기능을 갖고 있다고 할 수 있다.

그러나 공원으로서의 기능이 정상적으로 작동하기 위해서는 공원배치계획에 있어서 공원과 녹지계통을 하나의 단위로 하는 것이 원칙이며, 개개 공원의 기능을 충분히 발휘시켜 도시 전체의 공원녹지를 하나로 묶어 체계화, 즉 공원과 공원 사이를 연결하는 주요간선도로, 공원도로, 녹지대에 의하여 산책로, 자전거도로 등에 의하여 이용될 수 있도록 공원체계화시키는 것이 바람직하다. 체계화된 공원에 근접하여 문화시설을 배치하거나 보행자 중심의 도로를 따라 미술관, 도서관, 주민센터 등을 배치함으로서 공공문화시설로의 안전한 접근성을 확보하고 이용률을 높여 문화적인 삶을 추구할수 있는 생활환경을 조성하는 것은 삶의 질적 향상이라는 측면에서 큰 의미를 갖는다. 문화선진국으로 불리는 영국이나 독일, 프랑스의 도시들이 품위있고 격조있는 것은 적절한 도시의 녹지공간과 문화시설의 근접성을 갖고 있기 때문이다.

제주도시의 경우는 어떠한가? 획일적인 도시공간의 틀속에 단순한 이동통로에 불과한 도로와 무표정한 건축물로 가득하고 도시가 갖추어야 할 가장 필수적이고 기본적인 녹지공간은 절대적으로 부족하고 문화시설은 도시외곽에 위치하여 접근성과 이용률이 낮은 것이 현실이다. 생활속의 공공예술, 공공예술의 대중화는 문화시설수의 문제가 아니라 알차고 의미있는 프로그램으로 시민들에게 어떻게 다가가는가의 문제라고 할수 있다. 제주도에도 적지 않은 문화시설들이 건립되었거나 건립계획을 갖고 있다. 생활속의 공공예술이 정착할수 있도록 도시계획상의 정비가 필요하고 또한 문화시설 자체의 프로그램 개선도 필요한 때이다. 지금 많은 시민들이 수준있는 공공성이 높은 예술을 갈구하고 있고 그런 공공 예술공간을 추구하고 있다. 이제는 도시행정과 문화행정의 변화가 있어야 할 때이다.

프랑스 파리의 도심에 위치한 공원은 인접한 쇼핑센터는
상호보완적 관계를 가지며 시민의 휴식 공간이 되고 있다.

프랑스의 대표적인 문화공간인 퐁피두센터는
접근성의 용이함과 넓은 광장 때문에 많은 사람들이
찾아 문화이벤트와 분위기를 즐기는 공공예술공간이다.

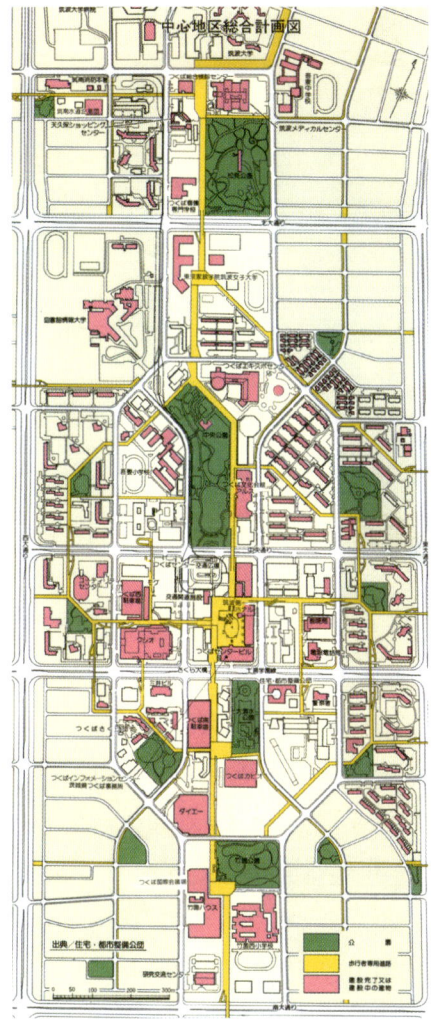

일본 쯔쿠바의 도로는 자동차
보행자전용도로가 분리되어있고
보행자전용도로에 각종 문화시설들이
근접해 있어서 접근성과 편리성이 높다.

06 녹색도시와 녹색농촌만들기

우리나라 사람들이 가장 많이 유학하거나 이주하는 도시중의 하나가 캐나다 밴쿠버이다. 밴쿠버의 가장 매력적인 것은 삶의 질이 높은 도시라고 생각된다. 창문 가득히 들어오는 푸른 숲 사이로 스며드는 아침 햇살, 그리고 이름 모를 새들의 조잘거림. 언제나 일상생활 속에의 경험이자 생활의 한 부분인 곳이며 그래서 발코니 밖에 전개되는 아침의 풍경은 언제나 새롭고 활기찬 기운으로 가득한 곳이기도 하다.

이러한 행복한 풍경을 만드는 것은 다름 아닌 풍요로운 녹색공간이다. 캐나다 밴쿠버와 주변 지역은 언제나 푸름으로 둘러싸인 녹색공간의 도시이기 때문에 더욱 세계적인 도시이기도 하다. 밴쿠버의 자랑거리라면 스탠리 파크일 것이다. 스탠리 파크는 밴쿠버 면적만큼이나 넓고 큰 것이 특징이기도 하지만, 여기에는 주변 시민들이 쉴 수 있는 공간이 마련되어 있고 각종 문화시설이 있고, 자전거로 일주를 할 수 있는 다양한 놀이 프로그램이 가득하기 때문에 시민뿐만 아니라 관광객도 찾아 시민들과 함께 어울려 휴식을 취하는 기쁨의 공간이기도 하다. 이러한 공간이 밴쿠버에서의 삶을 매력적으로 만드는 것이라 생각한다.

도시 공간뿐만 아니라 건축물과 그 주변공간에도 어김없이 크고 작은 나무와 꽃들로 장식되어 있어 그곳에 사는 사람이나 거리를 지나는 사람들의 마음은 기쁨으로 가득한 것이다. 혹자는 땅이 넓어서 가능하다거나 국민소득이 높아 여유 있는 환경을 만들 수 있다고 이야기 할지 모르겠다. 물론 이에 대해 반론을 제기할 필요는 없지만, 자세히 들여다보면, 녹색환경을 만들기 위한 행정기관의 노력과 의회의 법률적 정비, 아울러 시민들의 생활공간에 대한 관심과 애착이 있기에 가능함을 알 수 있을 것이다.

주민참여는 스스로가 지역문제에 대하여 고민하고 해결방안을 찾아 행정에 지속적인 제안과 협력을 통해 자신의 생활공간을 개선하고 도시공간을 더욱 활력있게 만드는 중요한 수단이다. (인용자료)

　　또한, 우리들이 생활하는 환경에 가능한 한 부담을 덜 주기 위한 법적 제도적 보완과 노력과 아울러 건축과 도시 개발수법이 중요할 수밖에 없는 것이다. 건축에서의 생태 공간 확보에는 기본적으로는 단위건축물에서 녹지공간을 확보하기 위한 「건물녹화수법」, 재생 활용 가능한 마감 재료를 사용하여 건축물의 폐기물을 줄이고 오랫동안 사용 가능하도록 융통성 있는 평면계획에 의한 「건물수명의 장수화수법」을 들 수 있다. 제주시가 오래전부터 환경미화 차원에서 추진하고 있는 옥상녹화는 더욱 지속적으로 추진하여야 할 것이고 공동주택의 경우 측면녹화와 아울러 발코니 조경등 다양한 건축물 녹화를 적극 추진하여 도시 숲속의 주거환경으로 탈바꿈될 수 있도록 하여야 할 것이다.

　　이러한 구상을 실천하기 위해서는 원칙적인 접근과 다음과 같이 필요할 것이다.

첫째, 도시계획조례안에서 택지분할 가능한 최소면적을 강화 등을 제시하고 있으나 상하수도가 개설되지 않은 지역에서의 택지분할관리지침을 작성하여 관리를 강화하거나 용적률과 건폐율을 통해 강화하여야 할 것이다.

둘째, 도시계획조례에서 지역별 고도규제를 강화하여 저밀도개발로 유도하여야 할 것이며, 이는 인구집중화와 택지개발, 녹지공간 침식을 막기 위한 것이다.

셋째, 경관과 미관을 고려한 합리적인 생태도시 관리가 되어야 할 것이다.

넷째, 지형적인 조건에 맞는 도로를 개설함으로서 재해예방뿐만 아니라 불필요한 지형변화로 인한 녹지공간 훼손을 최소화한다.

다섯째, 토목공사 위주의 하천정비를 지양止揚하여 하천의 생태환경과 경관조성으로 연결되도록 한다.

여섯째, 보행자 중심의 생활녹지축그린웨이을 조성하도록 한다.

아울러 이러한 원칙 적인 접근의 틀속에 구체적이고 치밀한 실천방안도 중요할 것이다.

첫째, 도로의 기능성만을 강조하는 바둑판 모양의 도로대신 지역적인 조건과 경관, 주변의 생태학적인 조건 등을 고려하여 신중하게 도로를 개설한다.

둘째, 주요하천을 중심으로 녹지축그린웨이을 형성하여 동서남북으로 녹지공간을 연결하고 점적인 형태로 지역 곳곳에 배치해 있는 공원을 네트워크화하여 도심속의 올레길을 조성하고 아울러 보행로와 자전거 전용로 조성사업과 연계한다.

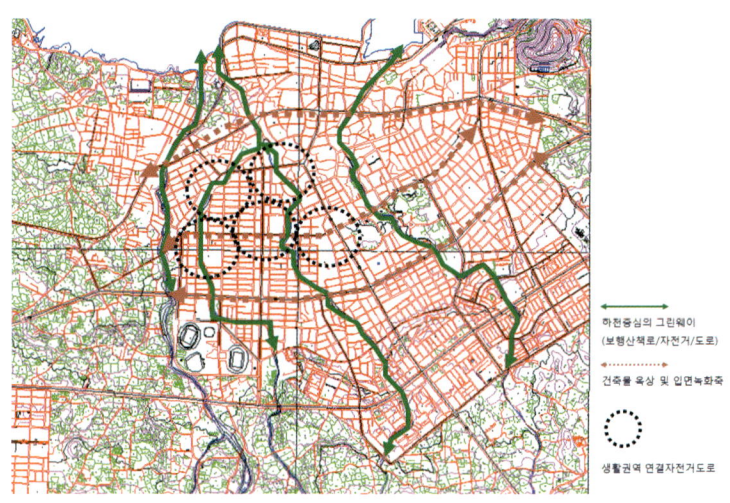

셋째, 일정량의 빗물을 저장하여 녹지공간의 유지 관리에 사용하거나 건천에 물이 흐르게 함으로서 살아 있는 자연공간으로 유도한다.

넷째, 제주지역에 맞는 친환경건축물 설치기준설정 및 인증제도 도입한다.

다섯째, 기존 및 신축건축물에 대하여 옥상녹화 입면녹화 빗물사용 등 환경친화도시건축계획의 요구와 인센티브를 부여한다.

특히 현재 제주시 4대하천중심의 그린웨이는 중산간지역에서 바다로 이어지며 기존의 주요 공원과 연결되어 녹색축을 형성하는 의미와 침체된 지역과 지역을 연결하는 의미, 하천의 복개구조물 철거를 비롯한 복원의 의미와 효율적으로 관리하는 의미, 특히 원도심재생사업과의 연결되는 의미를 가짐으로 상당히 중요한 의미를 가진다. 이와 같이 생활 녹지축인 그린웨이는 하천을 중심으로 이루어지고 생활공간을 기반으로 하기 때문에 도시공간의 활성화 및 시민의 휴식공간제공, 생태도시의 조성 등 다양한 기능을 갖고 있기 때문에 적극적으로 추진할 필요성이 있다고 생각된다.

이를 위해 추진주체의 명확성과 실현가능성을 높이도록 사업구상을 계획하고 사업의 완성도 및 예산집행의 효율성을 높이기 위해 여러 부서에서 추진하고 있는 유사하거나 관련성이 있는 사업과의 연계가 필수적이라 할수 있다.
기본적으로 각 부서에서 여러 사업을 동시다발적으로 추진하기 보다는 관련성이 있는 사업를 묶어「친환경녹시도시개발」의 큰 틀에서 구상되고 추진하되 단계별로 구분하여 추진하는 효율적일 것이다.

거주 밀집도가 높은 우리의 주거환경의 특성상 녹색공간에 대해 자연히 인색할 수밖에 없다는 점도 있을 것이다. 그러나 우리의 주거현실이나 예산 부족을 탓하기 이전에 제주의 풍토와 주거문화가 스며든 그리고 가장 기본적이면서 실질적 효과를 거들 수 있는 도시속의 녹지공간을 확보할 수 있는 방안이 있을 것이다. 예를 들면 콘크리트 블록 담을 지향하고 제주 돌담과 나무를 식재하는 방법이나, 일정 규모의 건축물에 대해서는 옥상녹화를 강력히 추진하여 주요 공원과의 녹지네트워크를 형성하여 다양한 새들의 서식지를 제공하는 방법도 있을 것이다. 주요 교차로 주변을 중심으로 소규모 공원을 조성하고 주요 간선도로를 녹지도로로 조성하여 보행자의 휴게공간으로 제공될 수도 있을 것이다.
문제는 하고자 하는 실천 의지와 노력이 있는가이다. 국제자유도시는 단순히 높고 큰 건축물이 들어섰을 때 이루어지는 것이 아니다. 사람답게 살수 있고 삶의 질이 높은 녹색공간의 도시가 바로 국제자유도시로 향하는 지름길일 것이다.

노면전차도입과
도시활성화의 가능성

07

개발과 경제 논리 속에 추진되었던 크고 작은 사업들이 언제나 제주사회의 뜨거운 논쟁거리가 되어 왔다. 한라산과 비양도의 케이블카 설치, 중산간지역의 관광리조트 건설, 예례동의 초고층 휴양형 주거단지개발, 롯데시티호텔 등이 대표적이다. 넓게는 강정마을의 해군기지 건설도 같은 맥락에서 이해할 수 있는 부분이기도 하다.

최근 새로운 제주사회의 논쟁거리중의 하나는 노면전차 설치문제이다. 막대한 비용이 소요되는 만큼의 효율성이 있는가에 대한 염려 때문일 것이다. 노면전차의 논의가 표면화되기 시작한 배경에는 2010년 6.2 지방선거 당시 우근민 지사후보가 공약으로 발표하면서 부터이다.
노면 위 레일을 따라 운행하는 노면전차는 다른 교통수단과 달리 화석연료를 사용하지 않으면서 출발과 도착시간의 정확성, 그리고 많은 인원을 수용할 수 있는 수송능력을 갖는다는 점에서 매력적인 도심교통수단이라 생각된다.

그러나 최종보고회에서 제시된 최종 4가지 노선은 노면전차의 분담율을 높이는 방안과 아울러 전반적인 대중교통의 체계정비도 함께 검토되어야 할 부분이 아닐까 생각된다. 특히 도심재생과 지역균형발전, 문화관광자원활성화 등 제주의 도시공간문제의 해결을 기반으로 하는 신교통수단의 적용방안 검토가 미흡한 것이 아닌가 아쉬움이 남는 부분이다. 제주도는 수백억원의 예산을 들여 자전거도로 정비사업을 추진하여 왔으나 자전거 이용률이 낮은 실정이다. 신교통수단인 자전거와 노면전차를 혼용하여 이동할 수 있는 제주특유의 도로망을 구축한다면 이것이라 말로 진정한 생태도시이자 안전도시, 환경수도의 실현이 아니겠는가?

한편 관광객을 유입할 수 있는 교통수단으로서 노면전차를 인식하는 경향이 짙은 것 같다. 그러나 노면전차는 지역과 지역을 연결하는 대중교통수단이다. 물론 유럽 주요국가와 일본의 주요 도시에서 활성화되어 있는 노면전차는 대중교통수단이면서도 도심 곳곳을 안전하고 편리하게 이동할 수 있어 적지 않은 관광객이 이용하기도 한다. 그러나 관광교통수단으로서 활성화되기 위해서는 지역의 관광자원이 권역으로 묶어지고 이러한 곳을 지나는 합리적인 노선 개발이 전제될 때 가능한 것이다.
이런 점 때문에 오랜 역사와 문화자원을 보존하며 쾌적한 정주환경이 구축된 도시구조의 기반위에 쇼핑, 문화, 공공시설들을 연결하는 노면전차가 운영되고 있는 유럽과는 기본 인프라 측면에서 제주의 노면전차는 비교될 수 없는 부분이다. 즉 노면전차는 생활교통수단이자 지역공간의 활성화수단으로 활용될 수 있는 가능성이 많다.
제주지역사회의 핵심사항인 도심재생문제도 이러한 측면에서 소규모 녹지공간을 중심으로 하는 정주환경개선과 아울러 쇼핑기능, 문화기능, 주거기능개발과 연계된 노면전차의 도입 등 다양한 가능성을 두고 오랫동안 논의되고 검토되어야 하는 것이다.

뒤 돌아 보면 제주 도시발전의 큰 틀이라고 할 수 있는 광역도시기본계획과 제주특별자치도 종합발전계획 등에서 신교통수단 도입의 논의과정이 미흡했다는 점, 특히 수많은 도시개발사업이 신교통수단과 연계되지 못한 채 개별사업으로만 추진되어 왔던가에 대하여 비판적 자기성찰이 요구되는 부분이다. 지금이라도 도시계획의 큰 틀에 문제가 없는지, 제주특별자치도의 도시가 어떻게 가야하는 가에 대한 비전과 전략을 새롭게 그리고 진지하게 점검해 볼 필요가 있을 것이다.

환경수도로 평가받는 독일의 프라이브르크에서
운행되고 있는 노면전차의 모습.

08 / 재난재해대응 시스템은 구축되어 있는가!

      2011년 발생한 일본의 대지진과 원전原電 피해사고를 통해 자연재해와 그에 따른 2차 피해가 얼마나 무서운가를 실감하게 한다. 일본의 재난재해를 바라보는 시각이 다양하리라 생각된다. 구조물의 내진설계를 강화하는 제도적 장치의 보완 등 재난재해에 대비해야 한다는 목소리도 더욱 커질 것으로 예상된다. 지극히 당연한 것이고 또 필요한 조치라 생각된다.

      제주의 경우도 2007년 태풍 나리에 의해 상당한 재해를 경험한바 있다. 행정당국도 하천감시시스템을 강화하고 저류지를 건설하는 등 적극적인 대비노력도 해오고 있는 것이 사실이다. 그러나 현재 제주도의 재난재해대응방안의 주요내용들을 들여다보면 기본적으로 재해발생 현상에 대응하는데 집중하고 있다는 생각을 지울 수 없다. 범람했던 하천을 감시하기 위해 설치된 시스템의 큰 위력을 발휘할지 의문이다. 또한 저류지의 위치와 형태 등을 고려한다면 태풍 나리의 위력을 초과하는 태풍이 다가왔을 때 정상적으로 작동할 수 있을는지 검증되어야 할 부분이 많은 것도 사실이다.

      오히려 중산간지역의 개발 억제를 통한 지하수 함량보강, 새로운 제주형 하천정비 수법 도입, 하천 하류지역에 집중되어 있는 복개구조물의 철거, 그리고 도시내 하천주변의 녹지공간화와 공원기능의 강화 등을 중심으로 하는 예방적 방재계획이 절실히 필요할 것이다. 이는 궁극적으로 생태계와 경관보전이라는 측면과도 맥을 같이하는 것이기도 하다.

흔히들 재난재해 대비 시스템을 단순히 기계적인 장치에 의존하려는 경향이 없지 않으나 실은 도시계획차원에서의 대응도 상당히 중요하다고 할 수 있다. 물론 인간의 힘으로는 도저히 대응할 수 없는 한계성이 있기는 하지만 1차적으로는 내진설계를 강화하고 해안변에 인위적인 개발을 억제한다거나 무리한 하천개발을 억제하는 등 예방적 차원에서의 재난재해에 대한 대비수법을 적용하는 것도 중요하며 2차적으로는 피해발생시 대응을 위한 적절한 대피공간을 생활권역 혹은 지역권역별로 확보하는 등 도시계획 차원에서의 대응방법을 구축해야 하는 것이다.

지금 제주도 해안지역과 중산간 지역 곳곳에는 개발이 진행되고 있다. 이로 인한 경관과 환경훼손의 문제도 표면화될 수밖에 없지만 제주도가 해안으로 둘러싸인 섬이고 연약지반이라는 특수성을 고려할 때 해일이나 지진 등으로 인한 피해에도 노출될 수밖에 없어서 더욱 신중한 개발논의가 있어야 할 것이다. 최근 기후변화로 인해 국지성 호우로 인한 피해와 태풍의 빈도와 강도가 강해지고 있는 점은 주목해야 할 부분이다. 태풍과 지진, 그리고 호우 등으로 인한 피해를 제주지역의 지형과 지세에 맞게 최소화하는 예방적 대응과 사후 대비에 대한 치밀한 준비가 있을 때 가능한 것이다. 2007년 태풍나리 이후 지금까지 추진하여 왔던 재난재해대응 시스템에는 문제가 없는지 그리고 도시계획차원에서 단기 혹은 장기적으로 어떠한 대비책을 수립하고 있는지 재점검의 필요성도 높다고 생각된다. 모든 일의 문제라고 할 수 있다.

09 / 저출산 고령화사회에 대비한 생활공간

현대사회의 가장 큰 이슈중의 하나가 사회의 고령화문제이다. 우리나라 고령화사회의 문제는 4세 이하의 아동인구의 비율이 급속하게 낮아지고 있다는 점이다. 향후 국가의 생산력과 직결되는 연령인구가 감소하고 있으나 고령인구는 급속히 증가하고 있어서 노동력의 저하, 생산력의 저하, 소비경제의 저하, 의료 및 복지비용의 증가 등과 같은 국가적 사회적 경쟁력의 저하로 이어질 수 있는 가능성이 클 수밖에 없다.

이러한 문제는 이미 복지선진국으로 알려진 영국과 스웨덴 등의 국가들이 추구하여 왔던 복지정책의 개혁을 추진하고 있는 사회적 배경 역시 같은 맥락에서 이해할 수 있는 부분들이다.

우리나라는 북유럽 복지국가들과 같이 충분하고도 적절한 대응을 할수 있는 시간적인 여유가 없다. 세계에서 가장 급속한 고령화사회가 진행되고 있기 때문이다. 이웃 일본의 저출산 고령사회의 대응은 우리들에게 시사하는 바가 크다. 일본의 경우 1970년 이미 고령화사회로 진입하였으나 저소득계층 고령자를 위한 구호적 차원의 고령자 복지정책을 추진하다가 본격적인 고령화 대응 정책을 수립하기 시작한 것은 1980년 중반에 들어서면서 부터이다. 1990년~1999년 추진목표를 세워 추진되었던 골드 플랜의 주요 골격은 보건 및 복지서비스가 제공되는 새로운 유형의 고령자주거제공을 비롯하여 치매노인을 위한 복지시설의 확충 등을 기반으로 지역사회를 기반으로 하는 복지기능의 강화였다. 그러나 개별시설의 확충 못지 않게 중요한 것은 주거환경의 정비라고 할수 있다. 안심하고 쾌적하게 이동하고 보행할 수 있는 권리를 누릴 수 있는 거리환경 조성에 적지 않은 예산을 사용하고 있다.

그러나 일본 역시 재정적 부담의 증가와 효율적인 복지예산의 사용 등을 위해 2000년대에 들어서면서 이른바 개호보험이 시작되었고 시행착오를 거쳐 치료와 간병 중심의 개호정책이 아니라 예방적 차원의 개호정책으로 전환되어 가고 있다. 동시에 저출산을 막기 위해 젊은 여성들의 출산을 높이기 위한 다양한 정책을 추진하고 있다.

우리나라 고령자 복지는 여전히 예산과 정책적인 측면에서 볼때 낮은 수준에 머물러 있는 것이 사실이며 복지시설의 확충과 아울러 시설의 질적 향상, 지역사회를 기반으로 하는 고령자전용주거시설의 제공, 아동육아시설의 확충이 여전히 미흡한 실정이다. 특히 저출산 고령사회에 대응하기 위한 방안중의 하나로 거주권의 보장뿐만 아니라 이동권의 보장 역시 중요함을 간과해서는 않된다. 안심하고 쾌적하게 보행하고 이동할 수 있는 거리환경의 조성은 단기적으로는 고령자뿐만 아니라 남녀노소가 함께 편리하게 사용할수 있는 공간환경조성Universal Design이 되는 것이며 장기적으로 볼때 불필요하고 중복적인 예산사용을 예방하는 것이기도 하다. 고령자문제와 저출산문제를 동시에 고려하는 접근방법을 찾아야 한다는 것이다.

이러한 정책사업들을 추진하기 위해서는 건전한 지역사회를 구축하려는 도시계획적 차원에서의 접근이 무엇보다 중요하며 이와 같은 큰 틀 속에서 지역자치단체별로 고령자실태조사를 바탕으로 고령자복지종합계획을 수립하여 장단기별 실행계획을 착실히 추진해 나가는 것이 중요하다. 아울러 행정조직에 있어서도 고령자복지정책이 복지분야행정에서만 다룰 문제가 아니라 도시과와 건축과, 건설과 등 유관분야와의 긴밀한 협조가 없으면 효율적인 고령자 복지정책이 추진될 수 없다.

생로병사生老病死. 인간은 태어나 누구나 늙고 병들어 자연의 품으로 돌아가기 마련이다. 인간으로 태어나 인간답게 살아가는 것은 인권의 차원에서 중요한 문제이다. 지금 우리에게 주어진 시간은 그리 많지 않아 보인다. 그렇다고 복지예산만을 늘릴수 없는 여건이다.

지금부터라도 우리의 사회적 여건에 맞는 저출산 고령화사회 정책이 필요한 것이다. 또한 신속하고 효율적으로 대응하기위한 행정조직의 정비와 복지정책의 추진을 서둘러야 할 것이고 고령자가 편안하고 안심하게 거주할수 있는 거주환경, 아동육아가 용이한 주거환경 정비를 위한 다양한
정책 추진을 서둘러야 할것이다.

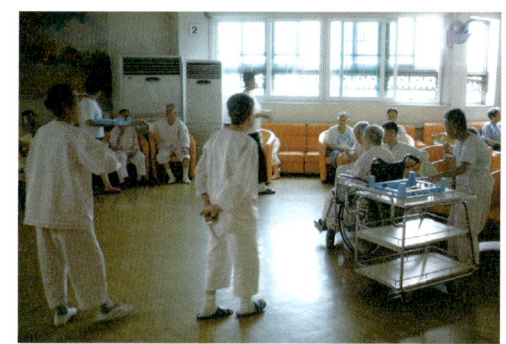

우리나라의 요양시설 모습

캐나다의 요양시설 모습

10 / 지역균형발전과 국제교류 클러스터

국제교류 클러스터 조성구상은 혁신도시, 영어도시, 제주컨벤션센터를 묶는 국제교류 기반의 클러스터를 통해 도시기능을 보완하고 서귀포지역의 활성화, 궁극적으로는 제주국제자유도시와 평화의 섬의 기반환경 구축을 염두에 둔 구상이라 할 수 있다.

그러나 혁신도시에는 추진 전략이 그다지 선명하게 보이지 않는다. 개발방식은 일반적인 택지개발수준에 머물러 있고 국가공공기관을 제주로 이전하는 방식에 머물러 있는 인상을 지울 수 없다. 혁신도시 추진을 통해 제주도의 경제와 산업, 지역불균형의 요소를 혁신 시킬수 있는 전략이 없이 추진하였기 때문이다. 그리고 국외 외화유출을 막기 위해 추진되었던 영어도시는 영어권 외국학교의 프로그램에 기초한 영어교육을 지향하고 있어서 국제자유도시와 평화의 섬이 추구하는 국제화와 상생, 공존의 평화기반 구축 구상과 과는 거리가 멀 수 밖에 없다.

따라서 혁신도시와 영어도시가 갖는 고유의 기능과 산남지역의 현안문제를 연계하여 지역활성화로 유도해 가려는 장기적인 도시개발 전략이 필요한 것도 이와 같은 이유 때문이다. 이러한 점을 고려할 때 혁신도시와 영어도시, 그리고 컨벤션센터를 기반으로 하는 국제교류클러스터 조성방안은 상당히 설득력이 있다고 생각된다.

첫째, 제주도가 홍콩과 싱가포르와 같을 수 없다. 그러기 위해서는 유네스코의 트리플 크라운달성으로 증명된 제주만이 갖는 독특한 자연환경에 조화될 수 있는 생활환경, 도시개발이 중요하다고 할 수 있다. 이를 위해서는 서귀포지역에 대한 도시계획수법의 새로운 패러다임이 요구되며, 지역주민과 입주기관이 주체가 되어 참여함으로서 주민과 입주기관의 신뢰를 구축하고 자신들이 생활공간을 창출해야 하고 행정은 이를 지원하는 협의체 구성이 필요할 것이다. 아울러 제주도가 국제화가 되기 위해서는 국제적 인지도를 높이기 위한 노력이 필요하다.

둘째, 정주환경의 구축도 중요한 부분이라 할수 있다. 단순히 비지니스 참석차 단기간 머무는 지역이 아니라 지명도 높은 유럽의 도시와 같이 정주하고 싶은 쾌적한 주거환경이 구축되었을 때 도시의 매력과 인지도가 높아지는 것이다. 이것이 도시의 경쟁력으로 이어지는 것이다.

셋째, 하드웨어적인 접근뿐만 아니라 소프트한 측면에서의 전략도 필요할 것이다. 특히 한국국제 교류재단을 비롯한 재외동포재단 고유의 국제교류사업을 제주도에 유치하고 프로그램참여자를 위한 쾌적한 주거지원 프로그램과 지역주민의 참여 프로그램 활성화 등 제주의 여건에 맞는 다양한 국제교류 프로그램개발이 가능하리라 생각된다. 또한 영어도시의 경우도 장기적으로 평화의 섬 제주가 추구하는 평화와 인권, 생태환경 등 21세기 인류가 추구해야할 공동의 가치관을 교육하고 인재를 양성하는 영어교육프로그램도 좋은 방안이라 생각된다. 그리고 제주컨벤션센터는 이들 프로그램들을 직접 혹은 간접적으로 지원하는 협력적 관계도 그려 볼수 있을 것이다.

이제 제주도를 비롯한 이해당사자들이 서귀포지역의 미래발전전략의 필요성을 공감하고 적극적으로 추진하려는 의지와 노력에 달려있다고 생각된다.

제4장

변화되는 풍경과
개발 컴플렉스

01 / 섬은 섬다워야 한다.
- 새만금과 탑동의 풍경학 -

제주도는 섬이다. 섬이기 때문에 당연히 바다가 있고, 해변이 있고 푸른 하늘이 있고 땅이 함께 어우러져 아름다운 섬의 풍경을 만들어내고 있다.

우리나라의 남해안과는 달리 제주의 해안은 단순하면서도 섬 문화를 잘 보여주는 독특한 그 무엇인가를 간직하고 있는 섬이다. 그 무엇이 바로 화산섬 제주의 지질학적 조건과 지형으로 인해 만들어지는 고유한 풍경이다.

그러나 과도한 매립으로 해안지형이 변하고, 해안도로들이 개설되면서 볼상사나운 건축물이 들어서는 등 제주의 해안풍경이 변하기 시작하였다.

이러한 문제는 굳이 제주에 국한 된 것이 아니라 대규모 토목공사로 인하여 신음하고 있는 우리나라 서해안도 마찬가지이다. 매립으로 인해 지형이 크게 바뀌면서 보존의 가치가 높은 갯벌이 사라지고 서해안의 독특한 해안풍경도 사라져 버렸다.

인간은 스스로 생활환경을 만들지만 일단 만들어진 환경은 인간의 삶과 가치형성에 적지않은 영향을 주게 된다. 넉넉한 자연환경이 만들어내는 여유로운 풍경이 사라져 가는 제주섬 사람들의 삶과 가치도 자연스럽게 변해 갈수밖에 없을 것이다.

필자가 언급하고 싶은 말은 섬으로서의 문화적 가치와 발전의 가능성을 염두에 두고 우리들의 삶을 가꾸어 나갈수 있는 개발을 찾아나가야 한다는 점이다. 제주지역 곳곳에는 발전이라는 이름아래 혹은 지역경제의 활성화라는 이름 아래 개발되고 있으나 적지 않은 개발사업들이 섬의 풍경을 훼손하는 비문화적인 풍경을 만들고 있다는 점이 걱정스러운 것이다. 이는 제주의 특성, 즉 섬이라는 점을 간과했기 때문인 것이다. 섬의 역사와 문화, 그리고 땅이 만들어 내는 풍경을 어떻게 조화롭게 개발 할것인가에 대한 고민이 부족했던 것이다.

개발로 인한 환경과 경관의 훼손사례가 서해안의 새만금과 제주의 탑동이다.

낙후된 지역을 개발하겠다며 정치공약으로 추진되었던 새만금은 많은 것을 죽였다. 매립을 통해 갯벌의 생명과 바다가 죽고 주변의 산도 죽었고 새만금 갯벌에서 생계를 유지했던 마을 사람도 죽었다. 그리고 끝없이 펼쳐졌던 갯벌의 아름다운 풍경도 죽었다. 현재 친환경 복합문화도시로 개발방향을 변경하여 추진되고 있다. 갯벌의 생명을 앗아간 인간들이 스스로 죽음의 땅에 다시 생명을 불어넣겠다는 것이다. 한심스럽기 짝이 없는 일이다.

제주의 탑동은 새만금과 닮은 꼴이다. 아름다웠던 제주 탑동의 해안도 죽었고 탑동매립의 개발 이익금으로 병문천을 복개하여 하천도 죽었고 재해로 인해 사람도 죽었다. 그리고 아름다운 제주해안의 풍경도 죽었다. 매년 탑동을 문화공간화하기 위해 미술그림을 그리거나 각종 시설물을 설치하고 있는 점도 같다.

이처럼 죽음의 풍경을 만들어낼 수밖에 없는 배경에는 개발에 대한 강박관념과 정치집단의 개발논리에 있다. 지역에 고층아파트 단지가 들어서지 않거나 도로가 좁거나 대규모 공장이 없으면 대부분의 사람들은 자신의 지역이 낙후되었다고 생각한다. 그리고 끊임없이 개발논리를 내세운다. 높고 큰 건축물을 지으려하고 자동차가 많이 다니도록 넓은 도로건설을 요구한다. 정치집단 역시 개발을 요구하는 주민들의 표를 의식해서 끊임없이 개발공약을 제시하고 추진하고 있다. 새만금과 탑동은 개발 = 발전이라는 강박관념에 빠져든 주민들과 정치집단의 이해가 맞아 떨어져 만들어낸 슬픈 풍경들이다. 자연을 단순히 소비재적인 관점에서 바라보며 인간을 위해 만들어 낸 풍경에 불과 한 것이다.

그렇기 때문에 조화로움이 없는 것이며 생명력이 없는 것이다. 새만금을 죽음의 땅으로 만든 사람들은 어디에 있는가? 아무도 책임지는 사람이 없다. 탑동 역시 아무도 책임지는 사람들이 없다. 그 곳에는 그저 슬픈 마음을 전하듯 방파제에 파도가 스쳐지나 갈뿐이다.

탑동 매립전 모습과 매립후 모습
(출처: 제주시, 사진으로 엮는 20세기 제주시, 2000년)

열광적인 인기를 얻고 있는 제주의 올레에는 개발이라는 개념은 없다. 있는 그대로의 모습에, 있는 그대로의 제주 자연을 보면서 독특한 풍경을 즐기는 것이 매력적이다. 많은 관광객이 찾는 곳이어서 행정당국에서는 올레 길에 각종 안내판과 도로정비를 하겠다고 한다. 지극히 인간을 위한 편의적인 생각이 아닐 수 없다. 생명력이 없는 공간으로 변해 버린 새만금과 탑동처럼 만들려는 것인가?

세계자연유산의 땅, 제주에는 새만금과 탑동과 같은 개발논리로 추진되는 사업은 없는가? 골프장의 개발논리, 대규모 개발리조트, 평화로와 번영로 건설, 초고층 건축물의 건립, 공유 수면의 매립에 의한 리조트개발, 그리고 비양도의 케이블카 사업 등 적지 않은 개발사업들이 정치 경제논리의 개발아래 소비재적인 관점에서 자연을 이용하는 것이 아닌지, 인간만을 위한 풍경을 만들려는 욕심이 앞서 있는 것이 아닌지 생각해 볼 문제이다.

제주도의 개발 사업들은 제주의 땅이 만들어 낸 자연을 너무 쉽게 바꾸려고 한다. 그것이 개발이라고 생각하며 상당히 많은 비용을 사용하고 있다. 그런 탓에 제주의 풍경이 크게 변해 가고 있다. 흔히들 자연은 얼굴인 것이고 풍경은 표정이라고 한다. 제주의 풍경이 바뀌었다는 것은 그 만큼 제주의 자연이 변화되고 훼손되었다는 말이기도 하다. 지난 반세기 동안 우리들은 얼굴자연을 너무 많이 바꾸었고 제주답지 못한 표정풍경으로 바꾸었다. 이 모든 것들이 정치 경제의 논리 아래 추진해온 개발의 결과이다.

일본 동경 근처의 작은 해안마을 마나쯔루의 경관조례에는 자연을 위한 풍경을 어떻게 만들어 가야하는지 철학적 개념이 담긴 문구가 있다.

"건축물은 땅을 존중하여야 하고 주변을 압도해서는 아니 된다".

풍경이라는 것은 공존하는 아름다움이다. 인간의 몸과 마음이 자연과 일체가 되었을 때 아름다움의 표현이 가능한 것이다. 이제는 인간을 위한 풍경을 만드는 것이 아니라 자연을 위한 풍경을 만들어 가는 노력과 지혜가 중요하다.

02 / 개발과 랜드마크 컴플렉스에 빠진 제주

　　1961년 5·16군사정권 이후 제주는 관광지로서 개발되기 시작하면서 급속히 변하게 되었는데 5·16군사정권이 들어서면서 제주도에 최초로 아스팔트도로가 건설되고, 간이상수도가 설치되었다. 이러한 제주개발을 두고 물의 혁명, 길의 혁명이라고 표현하기도 하였다. 1960년대의 개발과 산업구조의 변화는 제주사람들의 삶과 지역 교유의 모습을 크게 변화시켜왔다.

　　또 한번의 큰 변화는 국제자유도시 추진이다. 비록 눈에 띄는 큰 성과가 가시적으로 나타나지 않고 있기는 하지만 국제자유도시와 관련된 크고 작은 개발이 추진되고 있고 추진될 예정이다. 1960년대 시작된 관광지화 정책과 감귤중심의 농업구조의 변화가 30~40년을 거치면서 제주사회를 크게 변화시켜왔듯이 제주국제자유도시추진은 장기적으로 볼 때 큰 변화를 촉진 시킬 것임은 틀림없다.

　　그러나 국제자유도시 추진 이후 적지 않은 개발 사업들이 관광지개발을 비롯하여 택지개발, 도로 등 토목사업들이 대규모화, 대형화되면서 개발지의 보전 가치와 장소성, 경관가치, 특혜시비 등 크고 작은 지역문제로 표면화되는 점은 곰곰이 생각해 보아야 할 부분이다. 물론 인허가권을 갖고 있는 행정당국의 발전전략과 미래에 대한 비전 부재라고 책임을 전가할 수 있겠지만 제주도민이 갖고 있는 개발에 대한 기본적인 생각에도 문제가 있지 않은지 비판적 시각으로 들여다 볼 필요가 있을 것이다. 이에 대해 적지 않은 분들이 개발을 하지 않으면 제주가 어떻게 발전할 수 있는 가 반론을 제기하시는 분들이 많다. 물론 개발을 해야 한다. 문제의 핵심은 어떻게 개발할 것인가라는 개발방식의 문제이다. 제주도는 1960년대부터 시작된 개발의 대부분은 외재적 발전에 의한 것이었다. 제주도민의 의지와 관계없는 것이었고 개발 이익 역시 제주도민들의 몫으로 돌아가지도 못하였다. 1차산업중심의 제주도는 근대화 과정속에서 주도적인 변화를 이끌어 가기에는 한계가 있었다. 상대적으로 제주도민들의 인식 속에는 수많은 자동차로 가득한 도로와 화려한 네온싸인으로 빛나는 도시, 그 속에 분주하게 살아가는 사람들의 모습을 동경憧憬하면서 일종의 컴플렉스를 느끼고 있는 것인지 모른다. 그렇기 때문에 거대도시의 모습을 닮아가는 도시개발과 랜드마크라는 이름아래 거대구조물 구축을 통해 발전하고 있다는 만족감을 찾으려 하고 지역 특성화, 지역 경제 활성화로 이어질 것 이라는 환상에 젖어 있는 것은 아닐까?

그러나 이제까지 수많은 관광지개발을 비롯하여 택지개발, 도로 등 토목사업과 같은 대규모, 대형화 개발사업들이 추진되었지만 지역이 특성화되지도 않았거니와 경제 활성화로 이어지지 못하고 있는 것이 현실이지만 여전히 같은 논리와 같은 방식의 개발이 추진되고 있는 것은 무엇을 의미하는 것인가? 제주 올레길의 성공사례가 보여주는 원인과 배경, 그리고 함축적인 의미를 왜 생각해 보지 않은 것인가? 제주도濟州島는 특별한 지역이다. 육지부와 떨어진 지리적 특징과 폐쇄적인 공간, 한정된 인구, 지질학적 특이성, 그리고 역사적 배경과 제주사람들의 삶도 특이하다. 그래서 특별히 자치적인 행정을 하는 것이고 개발방식도 특이해야 하는 것이다. 진정한 제주다움의 시작은 개발과 랜드마크 컴플렉스에서 벗어날 때 시작되는 것이다.

03 거대상업자본이 만드는 랜드마크와 제주풍경의 변화

　　　　　　제주도는 섬이다. 섬이기 때문에 당연히 바다가 있고, 해변이 있고 푸른 하늘이 있고 땅이 함께 어우러져 아름다운 섬의 풍경을 만들어내고 있다. 우리나라의 남해안 과는 달리 제주의 해안은 단순하면서도 섬 문화를 잘 보여주는 독특한 그 무엇인가를 간직하고 있는 섬이다. 그 무엇이 바로 화산섬 제주의 지질학적 조건과 지형으로 인해 만들어지는 고유한 풍경이다. 그래서 아름다운 땅 위에 구축되어 왔던 전통건축은 특이하고 제주마을과 사회의 구성이 특별한 섬일 수밖에 없는 것이다.

　　　　　　그러나 관광개발정책을 통해 변화를 꿈꾸어 왔던 제주사회의 발전은 내재內在적 발전 보다는 외재外在적 발전을 통한 변화를 지속적으로 시도하여왔고 그 결과 제주사회가 갖는 역사 문화적 정체성과 삶의 정신을 반영하고 계승하기 위한 참여의 기회마저 없이 외부 상업자본에 의해 수립된 계획을 무비판적으로 수용할 수밖에 없었다. 또한 한라산을 배경으로 억척같이 살아온 제주사람들의 삶이 스며든 제주 고유의 문화풍경 역시 상업자본의 논리 아래 크게 변하여 온 것은 우리 모두가 인지하고 있는 사실이다.

　　　　　　도시는 우리들의 삶을 담는 생활공간이면서 한편으로 꿈과 희망, 새로운 삶의

아름다운 풍경을 상품화하고 개발이익의 극대화를 위해서는 고층고밀도 개발을 할 수 밖에 없을 것이다. 이것이 자본의 속성이다. 그러나 장기적으로 이로 인해 제주의 경관 훼손과 도시의 매력이 저하되어 경쟁력이 떨어질수 밖에 없을 것이다. 개발의 악순환인 것이다.(인용자료)

기회를 추구하는 사람들에게는 욕망의 공간이기도 하다. 이곳에 자본의 개발논리와 정치적 이해가 작용한다면 도시공간은 우리들의 의지와 희망과는 상관없이 목적 해결을 위한 거대공간이 새롭게 창출되는 것이다. 뉴욕과 동경의 도시 그리고 두바이의 도시가 그렇듯이 국가적 부富와 발전의 상징적 아이콘이 될 수 있을 것이다. 그러나 제주와 같은 자연환경과 접목된 진정한 의미의 문화풍경, 지역이 갖는 독특한 문화적 가치를 찾을 수는 없다.

　　최근 제주도는 세계화의 흐름과 국제자유도시의 개발과정 속에 대규모 프로젝트들이 제주사회에 적지 않은 경관논란이 되고 있고 때로는 특혜의 시비가 되고 있기도 하다. 예례동의 초고층빌딩, 노형동 쌍둥이 빌딩 및 롯데시티호텔, 중앙병원, 원도심지 주거지역 및 상업지역 개발, 중산간지역의 롯데리조트개발, 그리고 도심 중앙에 자리 잡은 거대 쇼핑센터의 이면裏面에는 거대자본이 중심에 서있다. 문제는 제주지역의 정체성과 삶의 가치보다는 도시재생, 지역경제 활성화와 같은 경제적 정치적 논리에 의한 도시공간의 구축에만 초점을 두고 있다는 점이다. 그렇기 때문에 경관과 특혜의 시비에 휩싸일 수밖에 없는 것이다. 물론 고도문제에 관한 한 도시를 경영하는 행정측이 근본적인 원인을 제공하고 있다는 점은 부정할 수 없을 것이다.

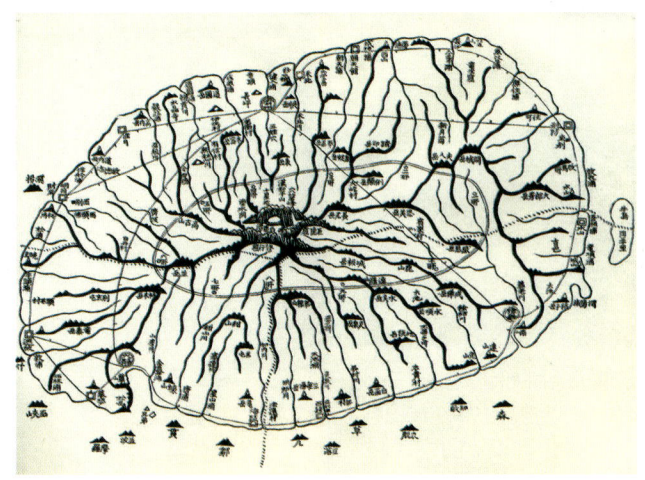

제주 - 대동여지도

고층화의 목적을 지역의 랜드마크 구축과 경기활성화에 두고 있는 점은 다시 한 번 생각할 문제이다. 막대한 자본과 시간을 요구하는 고층건축물을 짓고자 하는 것은 주변의 뛰어난 경관자원을 즐기고 감상할 수 있는 상품화된 공간을 만들려는 의도도 있겠으나 궁극적으로는 한정된 공간을 최대한 고밀화, 집적화 시켜 새로운 상업공간의 창출을 통해 자본회수를 원활히 하고자 하는 것이 주요 목적이다. 이것은 부정할 수 없는 상업자본의 속성인 것이다.

그러나 일정규모의 저층 혹은 중층형태의 개발이 제주의 뛰어난 경관자원을 고급스럽게 상품화할 수 없는 것은 아니다. 세계적인 관광도시와 지역에는 고층 건축물이 많지 않거나 거의 없다. 그 배경에는 그들이 오랫동안 간직하고 있는 역사와 문화, 환경 자원의 가치를 높이 평가하고 있고 이들 요소가 지역의 중요한 랜드마크로 인식하고 상품화하려는 주민과 행정의 의지와 인식을 공유하고 있기 때문이다.

도시학자 케빈 린치는 랜드마크는 건축물 크기의 문제가 아니라 장소에 대한 인지라고 하였다. 어떻게 장소성을 적극적으로 표출하는가가 중요하다는 것이다. 역작으로 평가받는 김정호의 대동여지도 제주판을 보면, 한라산과 건천, 수많은 오름과 길을 표시하고 있다. 이러한 요소들이, 현대적 지도표시가 공식화되지 않은 당시의 여건을 고려한다면 김정호선생의 눈에 비친 제주의 랜드마크였다고 할 수 있다.

그렇기 때문에 오랫동안 인지하여왔던 제주의 고유한 랜드마크를 무시하고 초고층화 건축물로 새로운 랜드마크를 만들려는 것은 조화롭지 못한 경관을 만들 위험성이 높을 수밖에 없다. 먹고 사는 산업구조적인 문제의 차원을 넘어 고유한 제주의 문화풍경 전반을 변모시키는 문제이다. 이는 수십년 전부터 이루어져 왔던 관광개발과 크게 다를 것이 없기 때문이다. 상업자본의 투자유치는 투자하고자 하는 지역의 가치를 어떻게 극대화 시키는가가 가장 중요하다고 할 수 있으며, 그것이 문화관광의 기본인 것이며 또한 투자의 가치를 높일 수 있는 것이다.

평화의 섬, 평화를 사랑하는 사람들이 사는 제주를 어떻게 지속가능한 관광도시로 개발할 것인지 반대되는 의견도 귀담아 듣고 차분하고 냉정하게 생각하여야 할 시기이다.

유네스코 세계생물권 보존지역지정, 세계자연유산 등재, 세계지질공원 인증으로 세계 최초로 유네스코 자연과학분야 3관왕 달성과 함께 세계 7대 자연경관으로 선정된 제주의 자연환경의 상품적 가치를 활용하기 위해 적지 않은 국내외의 거대 자본이 유입될 것이다. 그때도 지금과 같은 개발논리와 방식으로 추진할 것인가? 그리고 끊임없는 논란과 논쟁만을 남길 것인가?

21세기 산업구조의 변화 속에서 제주의 정체성이 담보된 문화경관 구축을 위해 우리는 어떠한 도시를 추구하고 어떻게 운영할 것인가, 행정당국은 개선방안과 의지를 보여야 할 때이다.

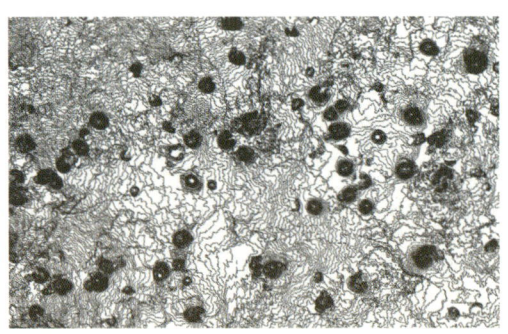

지형도(위)와 항공사진으로 본 제주의 오름

오름사진
랜드마크Land mark는 땅Land 위에
새겨진 흔적, 표시를 의미하는 말이다.
따라서 제주의 땅 위에 표시된 상징물은
한라산이고 오름과 같은 것이 랜드마크인 것이다.
신神이 만든 이보다 더 아름다운 상징물이
어디에 있겠는가!

04 / 제주의 스카이 라인과 해안선의 중요성

추진되어 왔던 주요 개발사업의 대부분은 제주의 환경과 제주의 발전방향과는 달리 보편적인 개발수단과 경제적 논리로만 추진되어 왔던 것이 사실이다. 이러한 개발논리와 압력은 제주 환경과 경관의 가치뿐만 아니라 도민의 의식도 적지 않게 변화시키고 있고 앞으로 변화 시켜나갈 것이다. 가장 먼저 변화를 인식하게 되는 것은 경관 변화가 아닐까 생각된다.

푸른 하늘과 맑은 바다 사이에 놓여있는 제주의 지형적 특성을 고려해 볼 때 스카이라인 과 해안선은 제주의 독특한 경관형성을 결정짓는 중요한 요소 중의 하나라고 할 수 있다. 도시의 지평선이 하늘과 맞닿는 윤곽선을 스카이 라인이라고 한다. 즉 생활경관이 만들어내는 형태의 가장자리와 하늘과의 접점을 의미하는 것이며 제주의 경우 접점 사이에 중산간과 한라산이 배경이 되기 때문에 독특한 스카이 라인이 될 수 밖에 없고 그래서 중산간과 한라산이 중요한 것이다. 뉴욕경관의 대표적인 사진은 바다에서 바라본 맨하탄 고층빌딩군의 스카이 라인이며 실루엣으로 보여지는 낮과 밤의 스카이 라인은 역동적인 뉴욕의 이미지를 전달하기 충분한 경관이다. 이와 같이 스카이 라인은 도시의 상징이자 아이콘으로 보여질 수 있기 때문에 더욱 중요하다고 할 수 있다. 도시의 지평선과 하늘과의 관계성에 의해 만들어지는 선이기 때문에 도시의 지평

제주의 지형에 맞지 않는 고층·고밀화건축은 배경이 되는 오름과
중산간의 원풍경遠風景과 부조화를 이룰수 밖에 없다.

선을 어떻게 만드는가가 중요하며 도시의 지평선을 만드는 것은 건축물이 놓여지는 방법과 건축물의 높이와 규모에 의해 결정되어진다. 즉 땅과의 건축물의 관계가 가장 중요한 문제라고 할 수 있다.

그러나 제주의 스카이라인은 뛰어난 자연경관과 조화되지 못하고 획일적인 형태에 고착화되어 가고 있다. 획일적이고 일률적인 도시공간의 구획으로 인해 건축물의 좌향坐向과 높이, 규모 등이 제주의 땅과 조화되지 못하기 때문이다.

제주의 해안선 역시 스카이 라인과 마찬가지로 바다의 자연경관과 해안에 밀집된 주거지의 생활경관을 형성하는 독특한 경관요소이다. 제주는 섬이다. 섬의 이미지는 해안선이 결정하게 된다. 그러나 제주의 해안선은 매립과 해안도로 개설, 포구확장, 양어장, 펜션과 호텔등의 관광시설들이 집중되면서 해안의 경관과 문화자원들이 크게 훼손되어 가고 있다.

제주의 스카이 라인과 해안선을 잘 지켜나가는 것은 상당히 의미있고 중요한 문제이다. 이는 좁게는 주민의 삶의 질, 넓게는 도시의 정체성과 차별성, 경쟁력으로 이어지는 문제이기 때문이다. 제주특별자치도가 갖는 특별한 자치도의 의미는 단순한 행정구조의 개편을 의미하는 것이 아니라 특별한 환경, 특별한 경관, 특별한 문화를 스스로 보존하고 스스로 발전시켜 나가도록 하기 위한 것이다. 이번 개발특별법 개정을 보면서 적어도 개발사업의 추진방식과 경관규제에 관한 한 제주특별자치도는 새로운 시험대에 놓여 있다고 생각된다.

우도 연륙교 건설, 왜 하지 말아야 하는가!

05

우도지역 주민들이 우도에 연륙교설치에 대한 건의서를 제출하면서 제주사회에 논란이 되었던 적이 있다.

끊임없이 반복되고 있는 개발과 보존의 대립적 개념에 대한 찬반논쟁은 어느 쪽이 잘못되고 어느 쪽이 옳은가의 문제가 아니라 행위에 대한 가치관의 문제에서 시작된다는 점에서 생산적인 합의점을 모색하는 것이 바람직하리라 생각된다.

그런데 우도의 가치는 어디에 있는가?
우도는 지리적 지형적으로 상당한 가치를 갖는 섬이다. 지질학적으로는 제주본섬의 지질학적 특징을 고스란히 갖고 있는 일종의 축소판 제주도라고 할 수 있다. 해안을 따라 거닐면서 독특한 제주의 지질학적 특징을 눈으로 볼 수 있는 살아있는 지질박물관인 셈이다. 제주도가 세계지질공원으로 지정되었지만 주민이나 관광객이 피부로 느낄 수 있는 매력적인 점은 없지만 우도는 곳곳에서 지질학적 특징과 그 가치를 찾고 보고, 느낄 수 있는 매력적인 장소라고 할 수 있다.

특히 경관적으로도 상당한 가치를 갖는 곳이기도 하다. 즉 우도 자체의 아름다운 풍경뿐만 아니라 우도에서 바라보는 제주본섬의 오름군 풍경은 제주풍경의 아름다움을 보여주는 백미라 생각된다. 크고 작은 오름군락은 계절과 시간의 흐름에 따라 다양항 풍경을 연출하며 근경의 우도풍경과 함께 제주에서만 느낄수 있는 서사적 풍경이라고 할 수 있다. 또한 반대편으로는 넓디 넓은 태평양을 바라보는 풍경 역시 다른 섬에서 느낄수 없는 경관자원이기도 하다. 때로는 고요하고 때로는 거센 바람에 의한 푸른바다의 물결은 제주의 사람들이 어떻게 살아왔는지, 우도에서의 삶이 어떠했는지를 보여주는 자연의 풍경이 아닐수 없다.

그리고 우도에는 등대와 해녀와 관련된 해양문화의 흔적을 찾아볼수 있는 다양한 자원들이 있다. 특히 우리나라에서 이른바 서양식 유인등대 有人燈臺가 처음으로 건설된 것은 당시 대한제국의 초청형식으로 한국을 방문한 일본인 기사技師 이시바시 石橋에 의해 건축되었던 인천 팔미도등대 1903년로 알려져 있다. 일제 강점기 침략제국의 유산물이기도 하지만 100년이 지난 지금은 우리들에게 소중한 문화재로 남아있기도 하다. 현재 인천 부도등대 1904년, 여수 거문도등대 1905년, 제주 우도등대, 울산 울기등대 1906년, 해남 시하도 등대, 진도 죽도등대, 소흑산도등대 1907년, 부산 가덕도등대, 진도 하조도 1909년, 울진 죽변등대, 여수 소리도등대 1910년, 암태도등대 1913년, 제주 마라도등대 1915년, 제주 산지등대 1916년 등이 100년 내외의 역사를 지닌 등대가 20여 곳 되는 것으로 알려지고 있다.

이와 같은 지역의 역사와 문화자원을 시설에 한정되어 전시되는 것이 아니라 역사와 문화가 만들어져 왔던 지역사회의 공간속에서 전시되고 소개되어야 함이 절실히 필요하며 이러한 개념이 "에코 뮤지엄"이다. 에코뮤지엄은 그 지역사회가 갖고 있는 잠재적인 자연요소와 문화적 자원을 찾아내어 새롭게 인식하는 것이다. 우도는 작은 섬이기 때문에 여유롭게 거닐며 보고 듣고 머물면서 우도의 역사와 문화를 체험할 수 있는 에코뮤지엄이 가능한 것이다.

오끼나와 타케토미섬竹富島 마을의 전경과 달구지를 이용하여 관광하는 모습(인용자료)

쿠사마 야요이草間彌生의 작품 "Pumpkin"

일본건축가 세지마 가즈요妹島和世가 설계한 여객 터미널. 이 작품을 통해 문화마을로 변화된 나오지마 마을의 이미지를 전달하기 도하고 이 작품을 보기 위해 적지 않은 사람들이 찾아 오기도 한다.

　이제 외국의 도시와 건축에 대해 부러움을 갖기 보다는 우리가 살고 있는 제주 그리고 우도의 생활공간을 품격 높은 건축물로 채우도록 실천해야 한다. 이를 위해서는 법률과 제도의 정비도 중요하지만 가장 중요한 것은 건축에 대한 인식의 개선이다. 건축행위에 대해 단순히 건물을 짓는 것이 아니라 도시의 문화공간을 만들어 가는 것이라는 지역주민들의 의식전환이 필요하다.

　일본 유후인由布院과 오끼나와의 타케토미지마竹富島이 섬으로서의 고유성을 지켜나가려는 노력으로 지역이 주목받게 되었다면, 건축을 통해 지역과 마을이 활성화된 사례들이 적지 않다. 스페인의 빌바오가 그러하고 일본 쿠마모토현, 그리고 나오시마直島가 그러하다. 이들 지역의 공통점은 공공성이 강한 건축물을 통해 지역의 문화풍경을 새롭게 창출하고 아울러 지역경제의 활성화도 추구한다는 점이다.

나오시마의 문화와 아트 관련제품을 판매하고 정보를 제공하는 방문센터(왼쪽),
자전거로 이동하며 다양한 문화를 체험하는 모습(오른쪽)

특히 나오시마直島는 건축과 문화가 접목된 대표적인 개발사례이다. 어업을 기반으로 성장하였으나 쇠퇴하여 왔던 나오시마直島는 유명건축가의 미술관을 비롯하여 마을내 기존건축물을 미술전시관으로 재활용하여 마을을 단위로 하는 새로운 개념의 미술전시공간을 시도 하였고 관람객은 자전거를 이용하여 지역에 산재해 있는 미술관과 문화시설들을 탐방하는 시스템이 가장 큰 특징이다. 자전거로 이동하는 과정 속에 자연스럽게 마을을 지나게 되고 마을 사람을 접하게 되고 아름다운 건축물과 어우러진 마을의 풍경을 몸과 마음으로 즐기게 되는 것이다.

이러한 접근법이 새로운 관광 패턴이고 지역 활성이기도 하고 사람답게 살아가는 문화풍경이 가득한 살기 좋은 마을 만들기가 아니겠는가?

그렇다면, 우도의 근본적인 문제는 무엇인가?
우도의 특징은 역시 섬이다. 제주본섬의 부속 섬이다. 그래서 더욱 가치가 있는 것이다. 제주가 육지부와 지하터널로 연결되었을 때 이른바 육지화가 될 수밖에 없듯이 우도 역시 연륙교가 건설됨으로서 육지화가 될 수밖에 없을 것이다. 섬은 섬으로 남아 있을 때 그 가치가 빛나는 것이다.

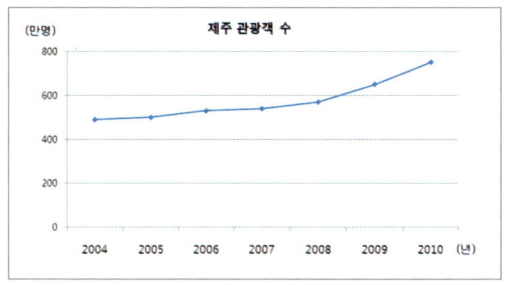

연도별 제주도 방문 관광객수(자료 : 제주도청 통계연보)

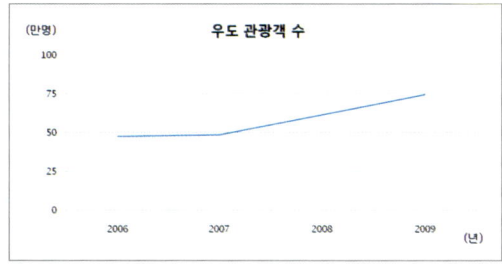

연도별 우도 방문 관광객수
(자료 : 도서지역발전계획(제주발전연구원))

우도 연륙교 건설의 목적은 크게 3가지라고 할수 있다.
첫째 인구감소, 둘째 제주본섬 방문의 불편, 관광자원의 활성화이다.

그러나 이러한 문제들의 근본원인을 해결하기 위한 수단으로서의 연륙교 논의는 극히 한쪽 시각으로 바라본 것이 아닌가 생각해 볼 필요가 있을 것이다.

제주도에는 2010년의 경우 750만명의 관광객이 방문하였고 2009년 우도에는 약 75만명이 방문하고 있는 것으로 나타났다. 그럼에도 불구하고 우도의 인구는 감소하고 있는 추세를 보이고 있는 것은 여러 가지 점을 시사하고 있다고 생각된다. 이는 관광객의 증가가 직접적으로 우도 주민들의 소득창출로 연결되지 못하고 있다는 점을 의미하는 것이며 이를 위한 개선이 필요하다는 생각이 든다. 아울러 이러한 소득창출의 미비와 함께 우도주민의 삶의 질과 연결되는 주거환경개선이 적절하게 이루어지지 못하고 있는 것도 원인의 하나로 생각될 수 있을 것이다.

특히 1년동안 75만명이 방문함에도 불구하고 소득창출로 이어지지 못하고 있는 것은 오랫동안 여유있게 머물며 보고 듣고 먹고 즐길 수 있는 관광지가 되고 있지 못하고 있는 현실적이고 근본적인 문제에 직시할 필요가 있으리라 생각된다.

현재 우도에는 적지 않은 차량이 들어오고 있다. 차량 총량제에 의해 어느 정도 규제를 하고 있으나 우도에는 일반 관광객의 차량, 버스, 스쿼터 등의 차량에 의해 올레꾼과 일반 관광객의 관광여건을 적지않게 방해하고 있는 것이 현실이다. 차량의 궁극적으로 여유로운 우도의 풍경과 우도사람들의 삶의 가치를 훼손하기도 하고 보행안전을 위협하기도 하며, 더욱 심각한 것은 우도에 오랫동안 머물지 않고 단시간에 피상적으로 둘러보고 돌아가게 함으로서 숙박시설과 편의점,음식점에서 소요시간을 단축시킴으로서 경제적 창출로 이어질수 없는 구조적 문제를 안고 있다.

따라서 연륙고의 건설이 우도의 재생, 우도의 활성화의 해결방안이 아니라 사람과 차량으로 혼재되어 있는 교통체계의 개선과 오랫동안 머무를 수 있는 관광환경개선, 그리고 지역주민의 정주환경을 체계적으로 개선해 나가는 방안을 모색하는 것이 현실적인 접근방안이리라 생각 된다. 이들 세가지 문제점을 개선함으로서 소득이 새롭게 창출된다면 중장년층의 인구감소가 억제될 수밖에 없고 관광자원의 활성화로 이어지는 선순환적인 구조를 갖추게 될 것이다.

관광객과 버스가 혼재된 우도의 도로

물론 제주본섬으로의 접근성은 여전히 어려움이 있기는 하겠지만 기후악화로 인하여 선박이 출항하지 못하는 상황에서 2.7km의 연륙교가 통행에 안전하다고 하기에는 무리가 있을 것이다. 긴급 의료환자 역시 의료기능의 강화를 통해 매년 감소추세를 보이고 있고 긴급시 헬기를 통한 이송체계가 구축되고 있는 현실을 고려할 때 연륙교의 건설은 좀 더 신중하게 생각해 볼 필요가 있을 것이다.

우도 연륙교 건설에 대한 논의의 핵심은 한라산과 비양도케이블카 설치문제와는 이용자와 거주자의 보편적 권리보장과 관광자원의 활성화라는 점에서 어느 정도 유사성을 갖고 있다고 생각된다. 케이블카 설치에 대한 논의과정에서 다양한 의견을 수립하고 이해관계를 종합하고 정리함으로서 개발행위로 인한 시행착오를 최소화하기 위한 현명한 방안을 모색하였던 것은 상당한 의미를 갖는 것이었다. 그것은 합리적인 결론돌출을 위한 협의체의 구성과 결과를 바탕으로 최종결정권자가 결정을 내리는 일련의 과정이 의미를 갖는 다는 점이다.

우도 연륙교 건설 역시 논리적이고 체계적인 논의의 과정을 거치면서 공동의 이익창출을 위한 노력이 중요하다고 생각된다.

제주의 아름다움에 매료되어 오직 사진을 통해 제주의 깊은 멋을 찾으려 고민하였던 사진작가 김영갑의 책 "그 섬에 내가 있었네"의 내용을 인용하는 것으로 마무리하고자 한다.

「정기 여객선이 다니기 시작하면서 민박집이 생겼고 …… (중략) 언덕 위에 교회가 들어서자 처음 마라도에서 받았던 좋은 느낌이 반감되었다. … (중략) … 남의 집 불 구경하듯 변해가는 섬을 지켜 보며 혼자 아파했다. 누구도 떠돌이의 넋두리에 귀 기울지 않았다. 욕망처럼 무서운 것은 없다. 이건 분명 발전도 아니고 개발도 아니었다. 한마디로 무지에서 비롯된 파괴였고 돌이킬수 없는 크나큰 실수였다. …… 사람들을 매혹시키는 것이 마라도에는 분명히 존재한다. 사람을 환장하게 만드는 그 무엇을 보존하지 않으면 결국에는 모두가 외면할지 모른다.」

여전히 아름답고 매력적인 가치를 담고 있는 제주에서 살아가는 우리들이 무엇이 발전이고 어떻게 개발해야 할것인지 다시금 생각해 보게 하는 글이다. 섬의 문화풍경이 고스란히 남아 있는 제주를 어떻게 가꾸어 가야 할것인지 우리들이 깊은 고민을 해야 할 때이다.

유네스코 등재와 도로, 그리고 토목개발

06

제주도 濟州島에는 구국도 2개노선, 구국도 대체우회도로 2개노선, 국가지원지방도 번영로, 지방도 3개노선, 첨단단지 진입도로, 영어도시 진입도로 등 20여곳 이상에서 대규모 도로건설사업이 마무리 되었다. 공사비 1,500억원 규모의 막대한 예산이 도로공사에 사용되는 것이다. 어떤 것은 생활에 국한된 것이고 어떤 것은 사회기반과 관련된 것도 있다. 편리한 생활환경을 만들기 위한 일들이니 필요한 공사들일 것이다. 그러나 이들 공사 중에는 이렇게까지 해야 하는지 의문스러운 공사들이 너무 많다.

대표적인 사례로 성읍마을로 이어지는 번영로 확장공사를 들수 있을 것이다. 아름다웠던 시골길의 풍경들은 사라지고 지형을 변형시켜가며 건설된 거대한 고속도로 풍경을 보면서 슬픔보다는 분노에 가까운 마음이 들었다. 이러한 풍경이 어디 이 곳뿐이겠는가! 구국도 대체우회도로에는 교차로를 만들기 위해 넓은 땅을 파헤치고 있고 거대한 교각구조물이 들어서기 시작하면서 주변 숲과 한라산 정상의 풍경을 압도하게 될 것이라는 생각을 하면 참으로 안타깝고 서글프고 더욱 분노가 앞선다.

또한 예례동 휴양주거단지, 제주시 노형동의 고층화 건축물 건립계획, 한라산 케이블카설치 재논의, 비양도 케이블카 설치, 제주시 원도심지역의 도심개발, 건축물

오름에 새겨진 산담

하늘에서 본 산담의 모습과 경작지
제주의 땅에는 제주 사람들이 척박한 환경 속에
살아왔던 많은 삶의 흔적이 남겨져 있다.
그렇게 때문에 비문화적이고
과도한 개발행위를 해서는 안되는 것이다.

고도완화 등은 대표적인 제주도 개발사업으로 지역경제활성과 지역균형발전을 위한 목적으로 추진되거나 되고 있다.

그런데 한쪽에서는 제주의 환경자산에 대한 가치평가를 세계적으로 인정받았다며 기뻐하는 모습을 보면서 진정으로 제주환경의 보전 의지와 전략을 갖고 있는지 의문스럽기만 하다. 제주도濟州島는 유네스코 세계생물권 보존지역지정, 세계자연유산 등재를 세계지질공원으로 인증이 확정되어 세계 최초로 유네스코 자연과학분야에서 소위 3관왕을 달성하게 되었다. 자랑스럽게 생각할 만한 결과이다. 이들 공통점은 앞에 세계라는 단어가 붙어 있다는 점이다. 이는 이제 제주도濟州島는 제주도濟州島의 것이 아니라 세계인의 것이라는 의미이다. 그만큼 책임과 노력이 요구된다는 점이다. 우리들은 그러한 책임과 노력을 하고 있는지 반성해야 할 때이다.

일본 고이즈미 정권 당시 개혁정책중의 하나가 일본도로공단의 폐지였다. 막대한 예산을 사용하면서도 환경훼손과 이용률이 저조한 무용지물의 도로만을 건설하여 왔던 조직을 폐쇄하고 새롭게 개혁하자는 것이었다. 우근민 도정의 핵심방향 역시 '선 보전 후 개발'이다. 개발에 앞서 자연환경과 삶의 공간을 먼저 생각해보자는 의미이며 도로건설사업을 비롯한 대규모 토목공사 추진부서의 변화와 개혁을 요구하는 메시지이다. 선진국의 경우 토목공사로 인해 훼손시킨 환경을 복원하고 환경보전을 위한 토목개발사업에 많은 예산을 투입하고 있다. 제주도濟州道는 '선 보전 후 개발'의 철학을 도로건설사업이나 대규모 토목개발에 반영하려는 의지는 없는 것인가?

지역 경제가 활성화되기 위해서는 개발을 하여야 한다는 주장과 먼 훗날 소중한 문화자원으로 활용될 수 있도록 보존중심으로 가야한다는 주장이 팽팽히 맞서고 있는 것이 현실이다.

일견 양측의 주장에 공감하면서도 개발과 보존의 대립 속에 우리들이 간과하는 부분이 있음을 새삼 느끼게 한다. 양측 주장의 바탕에는 소위 먹고사는 현실적인 문제에 대한 인식의 차이에서 출발한다고 생각된다. 따지고 보면 개발론이든 보존론이든 지역경제가 윤택해지고 주민의 삶의 질 개선이 되었으면 하는 목표는 같다. 다만 지금 개발하자는 주장과 좀 더 사회가 성숙될 먼 훗날 개발하자는 시점의 차이가 다를 뿐이다.

문제는 자연환경 훼손을 최소화하려는 의지와 개발방식의 문제라고 할 수 있다. 대부분의 개발방식은 사전 치밀하고 세밀한 조사와 장기보전 계획에 근거한 친환경적인 개발방식보다는 시간과 비용절약에 가치를 둔 토목중심의 개발방식이다. 당연히 친환경적이지 못하고 경관훼손과 아울러 재해를 당하였던 과거의 경험에서 보존의 목소리가 커질 수밖에 없는 것이다.

송창일 전 한라일보 논설위원이 쓰신 칼럼 「보존의 경제학」은 개발과 보존논쟁의 모순을 잘 지적하고 있다. 개발이 돈을 풀어 지역경제를 활성화하려는 의도라면 보존을 위해 돈을 풀어 경제를 활성화할 수 있는 방안이라는 점에서 보존을 통한 경제활성화의 의미도 크다 논리이다. 사실 산지천 복원과 탑동 매립사업을 통해 알 수 있듯이 섣부른 개발로 인해 발생하는 훼손은 자원의 가치를 떨어드리고 복원을 위한 사회적 비용이 더 많이 지불하여야 하는 경우도 적지 않다. 그래서 보존이 필요하며 또한 이미 훼손된 환경을 복원하가 위한 투자가 보다 더 경제적이라는 것이다. 어떻게 보면 보존을 통한 개발의 양립 가능성을 의미하는 것이기도 하다.

제주도를 보물의 섬이라고 부른다. 모든 지역이 보물과 같은 자원을 갖고 있다는 의미이다. 제주도의 보물은 전통건축물뿐만 아니라 아름다운 지형이기도 하고 돌담과 하천이기도 하며 해안선이기도 하다. 그러한 보물들을 세심한 배려 없이 과도한 지형변경이 수반되는 개발방식이 되었을 때 보물들을 쉽게 훼손할 수밖에 없는 것이다. 우리들이 제주도의 보물을 존중하고 조심스럽게 다룰 때, 후세에 남기려는 보존의 의지가 표현되는 것이며 그 가치가 빛을 발하게 되는 것이다.

07 / 개발로 위협받는 한라산

2011년 관광학회에서 실시한 설문조사 결과를 보면서 개발에 대한 개념을 다시 생각해 본다. 도민 2005명을 대상으로 한 '도민 관광의식 조사' 보고서에 따르면 관광객 카지노의 설치는 필요하지 않다는 의견이 더 많았고 반면 한라산 케이블카, 신공항 건설, 명품 쇼핑아울렛 조성, 대규모 관광지 조성 등은 찬성 의견이 많은 것으로 제시되었다. 아이러니컬하게도 자신들의 거주지역에 유치하는 것에 대해 관광객 카지노, 한라산 케이블카, 신공항 건설 등은 부정적으로 인식하고 있다. 이는 도박의 이미지가 큰 카지노를 제외하고는 한라산 케이블카, 신공항 시설, 쇼핑아울렛과 대규모 관광지 조성은 관광객 유치와 제주발전이라는 큰 틀에서 찬성하지만 자신이 속한 지역에는 이롭지 아니한 일을 반대하는 님비 NIMBY라 생각된다.

그러나 뒤집어 보면 적지 않은 도민들은 전반적으로 이러한 사업에 대하여 부정적인 이미지의 단면을 보여주는 것이기도 하다. 특히 한라산 케이블카는 김태환 도정 당시 경제적, 경관적, 사회적 의미와 가치분석에 부정적인 측면이 크기 때문에 포기한 문제이거니와 또한 우근민 도정 출범 당시 더 이상 논의를 하지 않기로 한 문제임에도 여전히 관광개발의 대상으로 거론되고 있는 것은 무엇을 의미하는 것일까? 진정으로 한라산은 수많은 사람들이 돈을 내고 한번 둘러보는 여느 관광지에 불과 한 것일까?

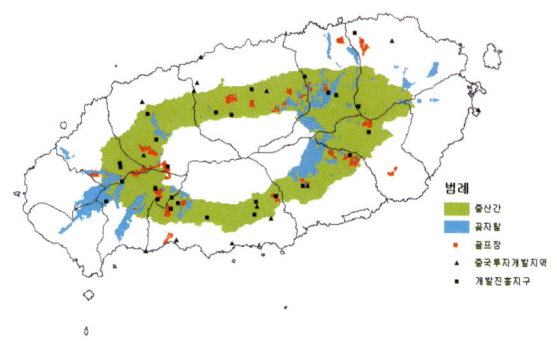

한라산과 중산간 개발현황
한라산과 중산간은 골프장 관광투자개발 등으로 인해
경관뿐만 아니라 환경 역시 크게 훼손되어 가고 있다

한라산의 의미는 국가와 제주의 차원에서 각각 다른 가치와 의미를 갖는다고 생각된다. 국가적 차원에서 볼 때 한라산은 대한민국의 최고最高의 산이며 대한민국의 가장 큰 도서島嶼에 위치하고 있다는 지정학적 지질학적 가치를 갖고 있으며 유네스코가 지정한 생물권 보전지역의 핵심지역이기도 하다.

제주차원에서 볼 때 한라산은 방향설정의 기준이 되는 랜드마크의 기능을 갖고 있을 뿐만 아니라 최고最高의 산인만큼 기후와 생산방식, 생활양식과 가치관 등에 있어서 적지 않은 영향을 주는 등 제주사람들의 삶의 근간이라 하여도 과언을 아닐 것이다. 흔히들 한라산을 일컬어 영산靈山이라고 한다. 이쯤 되면 더 이상 한라산의 중요성과 가치를 논할 필요가 없을 것이다.

그러한 한라산에 주기적으로 케이블카 설치가 반복적으로 거론한다는 것, 그 자체가 넌센스가 아닐까 생각된다. 한라산은 있는 그 자체만으로도 상당한 의미와 가치를 가진다. 소중한 것일수록 아끼고 정성스럽게 활용해야 하는 법이다. 관광객 목표 1,000만명의 수치도 중요하지만 오래 머물고 싶고 깊은 인상을 남길 수 있는 제주관광의 변화가 필요한 것이다.

우리는 길을 걸을 때 혹은 운전할 때 눈앞에 전개되는 화려하면서도 소박한 한라산의 모습을 보고 전율을 느낀 적이 있는가? 그래서 아름다운 땅 제주에 사는 것이 즐겁고 행복한 것이다. 그리고 한라산이 참으로 소중하다는 생각을 하는 것이다. 또한 오름, 하천, 자연풍광, 그리고 마을들 이 모든 것은 한라산과 관련된 요소들이다. 올레꾼들이 급속히 증가하는 이유도 이러한 제주의 숨겨진 속살을 눈으로 보고 마음으로 느끼고 머릿속에 담아가고 싶어 하는 사람들이 많아졌기 때문이다.

하천관리는 토목영역인가! 08

최근 이상기후로 인하여 재난재해에 대한 사전대비의 필요성이 더욱 높아지고 있다. 2007년 태풍나리는 개발방식의 문제점과 재난재해의 사전예방의 중요성을 몸으로 체험하게 하였던 좋은 교훈이라고 생각된다. 이로 인해 도시계획과 각종 사업의 개발방식에 대한 제주도민의 인식이 점차 변하게 하였던 전환점이 되었다고 생각된다. 당시 가장 큰 문제점은 하천범람으로 인한 도시지역의 침수와 인명과 재산피해였다. 100년에 한번 올수 있는 강우량으로 인해 피해가 커졌다는 논리였으나 일정부분은 인재人災에서 기인하였다는 점은 부인할 수 없을 것이다. 이후 하천관리를 위해 저류지 건설과 감시 카메라 설치 등 사전예방을 위한 행정당국의 노력도 긍정적으로 평가할 부분이라 생각된다.

하늘에서 본 산지천왼쪽과 병문천 모습

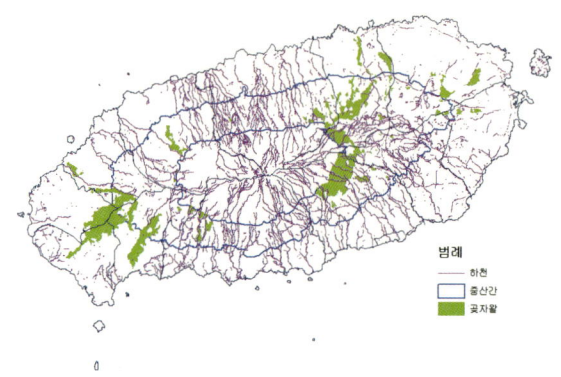

제주의 하천은 대부분 남과 북으로 흐른다는 점,
건천이라는 점, 그리고 거리가 짧다는 점이 특징이다.
또한 주변의 숲과 하천의 암반에 의한
독특한 하천경관을 하고 있다.

그러나 최근의 태풍의 강도와 강우량의 변화 등을 고려할 때 저류지와 감시 카메라 설치가 근본적으로 하천범람을 억제하기에는 한계가 있으리라 생각된다. 지금까지 하천관리의 가장 큰 문제점은 물의 흐름에만 초점을 두고 이른바 하천의 통수단면 확보와 저류지 확대를 위한 하천정비에 적지 않은 예산을 투입하고 있다는 점이다. 통수단면 확보의 필요성은 있겠으나 기본적으로는 하천에 집중되는 우수를 억제하거나 분산시키는 다양한 노력이 선행되어야 할 것이다. 제주의 하천은 한라산과 바다를 연결하는 물길이기도 하고 다양한 생명체가 연결되는 생태통로이자 중요한 시각경관 통로이기도 하다. 그리고 제주도의 하천은 건천이다. 그래서 비가 올 때와 오지 않을 때의 기능과 역할이 다르며, 하천의 풍경도 육지부의 하천풍경과는 구별되는 색다른 분위기를 느낄 수 있다.

세계 각국의 주요도시의 대부분에는 하천을 포함하고 있다. 이들 하천은 식수와 공업용수등 도시발전에 중요한 기능을 갖고 있을 뿐만 아니라 도시민에게 휴식을 제공하는 공간이기도 하며 아름답고 여유 있는 도시경관을 창출해내는 중요한 기능을 가지며 관광자원으로 활용되기도 한다.

하천개발은 토목분야뿐만 아니라 도시건축의 큰 맥락에서 종합적으로 다루어져야함을 강조하는 점도 이와 같은 이유 때문이며 또한 제주특별자치도 경관관리계획에도 경관차원의 하천관리 필요성도 언급되어 있다. 대부분의 사람들은 하천관리를 토목영역으로 인식하는 경향이 짙지만 하천관리는 기본적으로 경관관리차원에서 체계적으로 접근할 필요성이 있다. 경관이 추구하는 궁극적인 목적은 쾌적하고 안전하면서도 시각적 아름다움을 공유할 수 있는 장소를 유지하는 것에 있다. 과거와 같은 파헤쳐 넓히고 덮고 메우는 토목중심의 하천정비수법이 우리에게 어떠한 피해를 주는 것인지 2007년 태풍나리를 통해 체험 한바 있다. 이것이 자연의 이치인 것이다.

이제는 제주특별자치도 경관관리의 큰 틀 속에서 중산간 관리계획과 함께 도시민을 위한 혹은 농민을 위한 생활공간의 축軸으로서 하천을 되돌려 줄 수 있는 지역별 하천정비가 필요하다고 생각된다. 우리들이 살아온 삶의 축척이 지역의 문화경관을 구축하여 왔듯이 하천 역시 제주의 독특함을 보여주는 중요한 문화경관을 형성하는 요소이기 때문이다.

09 /도로건설의 패러다임 전환

수년전만 해도 일본은 사회기반조성이라는 이름아래 엄청난 토목공사가 이루어져 왔다. 이러한 상황을 두고 일본을 토목공화국이라고 부를 정도로 토목중심의 개발정책을 중시하였던 것이다. 그런데 고이츠미 전 총리시절에는 토목중심의 개발에 사회적 비판과 함께 개혁방안이 논의되기 시작하였다. 개혁방안으로 내건 것 중의 하나가 일본도로공단을 분할하여 민간도로관리회사에 매각하거나 유관기관에 흡수하게 하여 합리적이고 효율적인 도로 건설을 유도하게 한 것이다. 일본 발전을 이끌어왔던 일본도로공단은 2005년 10월 1일부로 해체되었다.

특히 일본의 일부 지자체에서도 불필요한 토목공사에 대하여 예산을 삭감하는 등 토목공사 전반에 대하여 대대적인 수정이 이루어지면서 소위 기득권 세력들 즉 건설회사와 의원들의 반발도 거셀수 밖에 없었다. 흥미있는 것은 많은 주민들이 개혁적인 행정추진을 주도하는 도지사를 전폭적으로 지지함으로서 개혁추진에 힘을 더하게 되었다는 점이다.

뒤돌아보면 일본 못지않게 우리나라도 도로를 엄청나게 건설하고 있는 나라임에 틀림없을것이다. 지도위에 그려진 도로들을 보면 사통팔방으로 뚫린 도로망들로 짜

여져 있다. 우리나라가 발전하고 있는 상징적인 것으로 받아들여지기도 한다.

제주 역시 이러한 현실은 예외가 아니어서 지역 곳곳에 상당한 도로망을 구축하였고 또 앞으로 도로를 건설하려는 계획을 세우고 있다. 그러나 이러한 도로 개설은 지역의 자원을 극대화하거나 활성화하는 기능보다는 단순한 이동공간에 불과하고, 도로건설 방식에 있어서도 지극히 토목적인 형태의 개발이어서 환경훼손의 문제를 야기시키고 있는 현실이다.

사실 현재와 같은 도로건설방식에 대한 문제는 오래전부터 거론되어 왔던 사실들이다. 자동차중심의 직선화된 도로, 절토, 성토에 의한 지형변화로 인한 자연재해의 가능성 증가, 자전거도로와의 연계성 부족, 그리고 도시지역과 농촌지역의 정서를 고려한 도로계획의 미비 등 한두 가지가 아니다.

게다가 제주도의 추진정책과 실천내용이 서로 어긋나는 일도 적지 않다. 제주도 도시계획의 주요 목표중의 하나가 생태도시, 안전도시이다. 게다가 환경수도 완성을 서두르고 있고, 청정환경 조성과 산업육성을 위해 신성장 동력으로 저탄소운동과 연계하여 녹색산업육성을 강력한 추진하겠다고 선언하였다. 그렇다면 당연히 자동차도로 보다는 자전거 길을 정비하려는 정책, 고효율적인 건축물을 만들기 위한 정책 등이 우선순위가 되어야 할 것이고, 이러한 시설물들이 시민들의 생활공간에 깊숙이 자리 잡도록 세심한 도시계획과 도로계획 검토가 추진되어야 할 것이다.

그러나 현실은 기존도로를 확충하기 바쁘고 게다가 기존도로로부터 얼마 떨어지지 않은 곳에 막대한 비용을 들여 새롭게 도로를 건설하는 등 상식 밖의 도로 사업을 제주지역 곳곳에서 추진하고 있다.

말도 많고 탈도 많은 평화로의 경우만 보더라도 경관적인 측면에서도 그리 포근한 느낌을 받을 수 없는 도로이다. 이왕 막대한 비용으로 도로를 만든다면 제주의 풍경이 가득히 담긴 길을 많이 만들었으면 한다. 제주의 특이한 지형을 고려하여 건설된 「길」, 넓은 도로보다는 최소한의 통행을 전제로 한 「길」, 사람과 자전거가 중심이 되는 「길」, 이동 중이라도 아름다운 제주의 풍경을 눈으로 느끼고 마음으로 담아가는 「길」, 그리고 제주 지역마다 색깔특색이 있는 「길」을 우리는 만들 수 없는 것일까?

자전거도로 이대로 좋은가! 10

요즈음 기후온난화 등으로 인해 지구촌이 각종 재해로 큰 피해를 입고 있다. 이에 대응하기 위한 지구환경보호정책의 수립과 우리들의 주거환경을 쾌적하게 하기 위한 다양한 노력들이 시도되고 있다. 그중의 하나가 탄소배출저감과 신재생에너지의 사용, 생태계보존을 기반으로 하는 녹색산업의 추진이다. 녹색산업이 신성장동력으로 주목받는 것은 다양한 분야에 있어서 다양한 기술로 접목되고 응용될 수 있기 때문이다. 즉 태양광을 이용하는 고도의 기술이 있는가 하면 지극히 보편적이고 단순한 기술, 그렇지만 일생생활에 꼭 필요한 기술도 있다. 그중의 하나가 자전거이다.

존 라이언은 "지구를 살리는 7가지 불가사의한 물건들"이라는 책을 통해 지구환경을 적극적으로 보호하면서 나아가 우리들의 생활무대인 도시공간을 쾌적하고 인간답게 살아가도록 도움을 주는 불가사의한 7가지(자전거, 콘돔, 천장선풍기, 빨랫줄, 타이국수, 공공도서관, 무당벌레) 중에 자전거를 제시할 정도이다.

이를 뒷받침하듯 최근 고유가의 시대로 인해 에너지절약 차원에서 자전거사용의 중요성이 높아지고 있는데, 이는 웰빙의 바람을 타고 비교적 부담 없이 즐길 수 있는 운동으로서, 그리고 실제 생활에서 이용할 수 있는 도구로서 평가되고 있기 때문일 것이다.

그런데 최근 언론을 통해 자전거이용자에게도 음주운전에 대한 처벌을 강화하겠다는 보도가 있었다. 도로교통법상 자전거는 승용차, 오토바이와 같은 교통수단으로 분류되어 있는 일종의 운송수단이기 때문이다. 그러나 실제 자전거도로는 사람들이 보행하는 보도 위를 나누어 자전거도로로 활용하는것이 대부분이다.

그러나, 현재 제주에서 조성되고 있는 자전거도로는 기본 자동차 도로부분을 일부 조정하는 것이 아니라 사람들이 다니는 인도의 일부 혹은 전부를 자전거도로로 조성하고 있다. 그렇기 때문에 자동차보도에 비해 원래 협소한 인도가 더욱 협소해 지고 자전거와 혼재 됨으로서 오히려 안전하고 쾌적한 보행공간이 위협받고 있어서 기본적인 보행권을 훼손하고 있는 것이 현실이다.

개선방안은 없는 것인가?
첫째, 자전거 도로조성방식을 바꿔야 한다. 먼저, 현행과 같이 기존의 보도를 자전거도로로 조성함으로서 안전사고의 유발과 보행공간의 쾌적성을 떨어드리기 보다는 오히려 자동차도로의 구조를 변형하여 자전거 이용자가 자동차의 위협을 받지 않고 주행할 수 있는 도로구조로 바꾸는 것이 중요하다고 할 수 있다.

둘째, 제주의 지형조건을 고려하여야 한다. 지형의 굴곡이 많은 제주지형의 특성을 고려하여 자전거사용 범위를 1~2킬로미터 범위를 사용권역으로 하여 자전거거치대 등 편의시설을 정비해 가는 것도 중요하다고 할 수 있다.

셋째, 대중교통수단과 연계되어야 한다. 자전거도로와 관련 인프라만 구축되어서는 자전거 활성화로 이어질 수 없을 것이다. 자전거 친화적인 도시가 조성되기 위해서는 대중교통과의 연계 즉, 단거리지역은 자전거 장거리지역은 버스와 택시 등으로 이동할수 있도록 환승체계를 갖추는 것이다.

네덜란드 로테르담

　넷째, 자전거이용을 극대화시키기 위해서는 제주 특유의 건천을 생태축, 녹지축으로 조성하고 여기에 자전거도로를 병행 조성하여 소위 그린웨이Green way화하는 방안은 도시내 생태계 보존과 아울러 자전거도로 환경의 쾌적성을 보장하는 것이기도 하다. 더욱이 그린웨이를 산책로와 이동보행로, 그리고 주민들의 편의시설과 문화시설을 밀집시키고 연결시켜 문화공간화, 벨트화로 조성한다면 도심속의 녹지공간과 보행공간, 그리고 친환경적인 이동공간을 동시에 확보하는 일석삼조一石三鳥의 효과를 얻을 수 있는 것이다.

　이것이 친환경도시이자 생태도시가 아니겠는가?

　제주의 도시와 건축은 외형적인 단순함과 획일성 뿐만 아니라 시민들의 활동수준이 높다고 할 수 없다. 이래서는 국제자유도시뿐만 아니라 생태도시, 안전도시의 달성도 어렵고 시민들의 삶의 질도 높아질 수 없는 것이다.

제5장

도시건축과 문화공간

01 제주도의 빈곤한 문화인식

고지도 수집가 김혜정, 민속학자이자 민속극의 대가 심우성, 지역주의 건축가 리카르도 레고레타. 이들의 공통점은 그들의 귀중한 소장품 혹은 작품이 제주를 떠났거나 사라졌다는 점이다. 십년전 과거의 일이기도 하고 최초의 일이기도 하다.

잘 알려진 바와 같이 김혜정 선생 경희대학교 혜정박물관장은 일본에서 태어나 자란 재일교포이다. 그러나 30대후반에 외할머니의 고향인 제주도에 정신지체 '혜정원'을 설립하고 어려운 이웃과 함께하면서도 고지도 수집에 40년을 바쳐왔다. 수집한 자료들은 국내외적으로 희귀한 고지도가 많아 학술적으로 문화재적 가치로도 높이 평가받고 있다. 아버지의 조국인 한국과 외할머니의 고향인 제주에 기념이 될만한 것을 남기기 위해 수집 고지도 5만점을 제주도에 기증의사를 밝혔으나 거절하였다고 한다. 결국 2002년 모든 자료를 경희대학교에 기증하였고 이를 기념하여 혜정박물관을 개관하게 되었다. 최근에는 경기도에 동해를 조선해로 표기한 일본 에도江戸 시대의 세계지도인 고지도 '신정만국전도新訂萬國全圖' 원본을 비롯하여 역사적 가치가 있는 지도자료 2천여점을 기증하기도 하였다. 특히 협약에 따라 기증품을 문화유산 자원으로 공유하고, 활용·확산하기 위한 인적·물적 교류 및 협력을 비롯해 기증 자료를 활용한 전시와 교육 지원 등 다양한 활동도 함께 추진되고 있다.

귀중한 문화자원의 가치와 활용을 알지 못하는 제주도의 문화에 대한 빈곤한 인식과 한계를 보여주는 대목이다. 이러한 상황은 우리나라 최고의 민속학자, 민속극 이론의 대부, 인형극 연희의 대가 심우성선생의 사례도 마찬가지이다. 심우성선생 역시 2009년을 전후해서 제주를 떠나게 되었고 평생 수집한 자료로 다른 곳으로 옮겨 보관되고 있다. 이유인즉 심심하고 재미가 없어서 떠나게 되었다고 전해지지만 사실은 제주도의 빈곤한 문화인식에 기인한 것이라 생각된다. 부인의 고향인 제주도를 위해 평생 모은 탈, 인형, 악기, 옷본, 석물 등 상당한 민속문화 유물을 제주도에 기증해 박물관 설립을 요청했으나 제주도의 유물이 아니라는 이유로 거절하였다고 한다. 또한 최근까지 철거논란의 중심에 있는 리카르도 레고레타의 건축물로 같은 맥락에서 이해되어야 할 부분이다. 기증의사를 밝혔으나 제주도는 수용과 논의의 필요성을 부정하고 있다.

제주도를 위해 평생 공들여 수집된 자료를 기증하겠다는 당사자들의 열정과 애정만큼이나 서운함과 아쉬움이 크게 남았을 것이다. 그래서 그분들은 미련없이 제주도를 떠나게 된 것이다. 그분들만 떠난 것이 아니라 그분들이 수집하였던 귀중한 문화자원들도 제주를 떠나거나 사라지게 되었다. 평생을 통해 수집한 손때가 묻은 귀중한 문화재적 자원들을 기증받아 다양한 형태의 활용, 특히 제주의 환경과 문화를 융합하여 새로운 가치의 창출도 가능하지 않았을까 아쉬움이 크다.

문화로서의 건축에 대한 인식 역시 빈곤하기만 하다.
구舊제주대학교 본관, 피난민주택, 남제주군청사, 카사델아구아, 구舊제주시청사. 보전의 가치가 있음에도 불구하고 철거되었던 건축물들이다. 2012년 제주사회의 건축계를 가장 큰 이슈는 카사델 아구아의 철거문제였다. 이제는 대한민국 건축계를 비롯하여 문화계가 제주도정과 해당기업의 대응에 주목하고 있고 제주도정의 문화정책과 제주사회의 문화수준을 평가받게 되었다. 이러한 상황 속에 구제주시청사가 철거되고 있다는 비보悲報를 접하면서 참담하고 슬프다. 구제주시청사는 1955년 9월 제주시 승격이후 본격적인 행정업무를 위한 시청사 건립이 요구되었고 이를 위해 한국의 근대건축가 박진후가 설계하여 1959년 10월에 완공된 도내최초 벽돌조로 건립된 행정건축물로서 1980년 3월 지금의 시청사로 이전하기 까지 제주시의 행정업무가 이루어졌던 제주시 행정사行政史의 중요한 건축물이라고 할 수 있다. 이와 같은 중요성 때문에 제주도 근대문화유산 조사 및 목록화2003년 작업이 추진되었고 탐라문화권 발전기본계획2008년, 제주목관아 보존·관리 및 활용계획2011년 등 정책연구를 통해 근대문화유산의 효율적인 활용방안까지 제시되었음에도 불구하고 철거되고 있는 것은 제주도정의 문화정책의 난맥, 문화와 문화재에 대한 인식의 한계를 보여주는 것이라 생각된다. 한편으로는 함께 지속적인 관심을 갖고 문화지킴이로서 올바른 역할을 하지 못한 지식인과 관련단체 역시 책임과 역할에 있어서 자유롭지 못할 것이며 깊은 자기 성찰이 필요할 것이다.

문화란 무엇인가? 민족, 시대 혹은 지역, 개인에 따라 정의가 달라질 수 있겠으나 일상적인 삶에 뿌리내려 시대와 역사의 흐름과 궤를 같이하며 축적되어 양식이라고 할 수 있다. 특히 건축은 정치와 경제, 역사 등 시대와 사회의 다양한 생각들을 담아내고 있다. 때로는 장소이기도 하고 공간이기도 하고 때로는 건축적 양식형태이기도 하다. 그래서 건축문화라고 하며 의미 있는 건축물을 문화재로 지정, 보전하려는 것이다.

프랑스 건축법 1조에 '건축은 문화'다 라고 정의하고 있다고 한다. 의미심장한 내용이 아닐 수 없다. 건축을 평당 단가로 환산하는 부동산 가치가 우선인 우리의 현실, 문화적 가치 판단 보다는 단순한 법적 논리로 철거논의가 선행되는 우리의 현실은 문화 축적이 없는 사회인 셈이다. 제주도는 특별자치도로서의 위상과 국제자유도시를 지향하고 있다. 제주의 역사와 문화의 기반 위에 주민의 삶을 자치적이고 민주적으로 관리하도록 권한을 부여받았음에도 불구하고 제주도정의 문화정책부서가 앞장서서 철거를 주장하며 스스로 문화자원의 축적을 반대하고 있고 한편에서는 제주도정이 추진하고 있는 탐라문화권사업의 핵심지역에 있는 근대건축물 조차도 방관자적인 입장으로 대응하는 모습을 보면서 진정 문화를 논한 자격이 있는가 의문을 갖지 않을 수 없다.

21세기 가치의 중심은 문화와 환경이다. 21세기에 문화가 부각되고 있는 이유는 문화의 경제적 가치 때문이며 새로운 성장동력이 되고 있는 것이다. 그래서 문화산업이 중요해지고 있고 문화콘텐츠가 주목받고 있으며 문화도시를 지향하는 것이다. 우리가 살아가고 있는 도시의 문화적 깊이와 생활의 수준을 가늠하는 척도이자 미래사회를 변화시킬 문화를 어떻게 구축해 나갈 것인가. 지금 우리가 고민해야 할 과제가 아니겠는가! 미국 카네기멜론대학의 석학 리처드 플로리다Richard Florida 교수가 미래를 향해 변화를 주도하는 현대사회의 주역을 '창조적 계급'creative class이라 주장하였다. 그의 말을 좀 더 진지하게 생각해볼 시기이다.

02 / 제주건축에 문화적 가치를 입혀야 할때

　　　　2011년 제주시 건축민원과에서 제주건축의 과거와 현재를 이해할 수 있도록 "제주건축 길라잡이"를 출간하였다. 내용이 무겁지도 포장이 화려하지도 않은 작은 안내책자이지만 건축계에서는 상당히 큰 의미를 부여할 만한 책자라 할 수 있다. 단순히 개인적인 감상이나 평가의 차원을 벗어나 건축이 가지는 사회적 의미와 건축행정의 새로운 역할과 기능을 생각해 볼 필요가 있기 때문이다.

　　　　먼저 건축이 갖는 사회적 의미측면에서 본다면 인간 활동의 결과로 남기는 가장 아름다운 산물인 건축을 통해 제주사회의 변화와 아울러 제주건축의 역사적 혹은 문화적 의미를 전달한다는 점이다. 푸른 바다 위에 두둥실 떠 있는 외로운 섬, 탐라국耽羅國의 역사를 가진 제주는 변방지에서 이제는 세계자연유산과 독특한 문화자원이 가득한 한국의 보물섬으로 재평가 받고 있다. 제주의 역사는 외세의 억압과 침탈에 대한 항쟁의 역사였다. 그리고 척박하기 그지없는 환경 속에서 자연에 대한 끝없는 도전과 적응의 긴 역사이기도 하였다. 제주의 건축 역시 자의적이든 타의적이든 외부로 부터의 산업화와 근대화의 흐름을 통해 변화하였고 또한 스스로 변화의 노력을 기울여왔다. 특히 최근 제주는 세계자연유산과 생물권보전지역 그리고 세계지질공원 등재됨으로서 유네스코 자연환경분야 3관왕을 달성하는 유일한 지역으로 새롭게 평가되고 있다. 아름다운 자연환경을 배경으로 제주사람들은 다양한 활동을 전개하여 왔으며 그 결과물중의 하나가 생활공간의 구축이라고 할 수 있다. 그것은 역사적 흔적이기도 하고 문화적 가치를 담는 것이기도 하며 제주사람들의 삶의 흔적이기도 하다.

그렇기 때문에 "제주건축 길라잡이"의 출간은 단순한 관광지 안내가 아니라 진정한 제주 사람들의 삶의 모습과 제주사회가 어떻게 변화되어 왔는지를 건축물을 통해 알려주기 위한 적절한 출판물이라는 점에서 가치를 갖는다고 할 수 있다. 사실 제주지역에서는 이에 대한 생산적 담론이 그다지 활발하지 못하였기 때문에 더욱 의미가 있는 것이다.

한편 건축행정적 측면에서 볼 때 개발사업과 민간건축물의 인·허가에 집중되어 있는 행정 업무의 한계를 벗어나 업무의 영역을 확대하면서 건축의 문화적 가치를 새롭게 창출할 수 있는 가능성을 보여주었다고 생각된다. 제주도는 탐라의 역사를 비롯하여 근현대사의 아픔이 고스란히 남아있기는 하지만 밝은 미래의 청사진을 갖고 있는 한국의 보물섬이자 희망의 땅이다. 이제 건축행정은 고유의 건축의 인·허가 업무뿐만 아니라 도민의 삶의 질적 향상, 제주도시와 건축의 문화적 수준을 향상시킬 수 있는 건축행정의 문화블루오션을 찾아야 할 시기라 생각된다. 그 방법중의 하나가 "제주건축 길라잡이"와 같은 건축을 매개로 한 다양한 문화사업이라 생각된다. 이번에 출간된 "제주건축 길라잡이"에 선정된 개개 건축물들은 나름대로의 사연과 의미를 갖고 있다. 그리고 개개의 건축물을 의미있는 공간으로 묶어 스토리텔링으로 새로운 의미를 부여할 때 제주의 깊은 맛을 느낄 수 있는 제주건축 올레길이 될수 있을 것이다. 건축문화의 블루오션은 건축행정 당국이 끊임없이 노력하고 실천하려는 의지를 갖고 지속성이 요구되는 부분이기도 하다.

도시와 건축은 그 시대와 지역의 역사적 가치와 문화적 수준을 전달하는 중요한 수단이다. 이번 "제주건축 길라잡이" 출판을 계기로 다양하게 만들어질 제주건축 올레길을 비롯한 다양한 건축문화사업을 통해 진정한 제주의 속살을 발로 걸으며 눈으로 보고 가슴으로 느끼고 오랫동안 머릿속에 남겨 둘 수 있는 시대가 오기를 기대한다.

03 / 카사델아구아 Casa del Aqua의 보전논란을 보며

아름답고 멋진 도시건축을 만들어 가기 위해서는 문화라는 사회적 가치관 형성이 중요하다. 외국의 경우, 건축이나 건축가에 대한 인식이 우리들과 너무 다르다. 그들은 건축사는 문화예술가이고 건축물은 그런 문화 활동의 결과물로 받아들이는 것이다.

그런데 건축이란 무엇인가? 건축의 정의를 다루기 위해서는 먼저 그 기원을 살펴볼 필요가있다. 건축의 기원에 있어서 그 대부분을 차지하는 것은 원시적 혹은 토착적 형태로서의 건축물이다. 인위적 환경으로서의 건축물은 마치 의복이나 음식과 같은 하나의 특정한 대중문화인조환경 양식=스타일를 형성하는 것이다. 이와 같은 대중 문화적 요소로서의 건축물은 아름다움을 갖는 동시에 인간이 실제로 사용하여야 한다는혹은 할 수 있어야 한다는 실용성과 안전성이 강하게 요구되기 때문에 다른 예술분야와는 달리 문화적 예술과 기술의 복합체複合體로서 상당히 복잡한 성격을 가지게 된다. 다시 말하면 건축의 궁극적인 목표는 튼튼한 것强 못지않게 편리用하면서도 아름다움美을 가져야 한다는 것으로 구조가 가자고 있는 기술 자체의 솔직한 표현强, 이용하기 편리한 공간用, 그리고 건축 형태가 가진 본래의 아름다운 성질美, 그리고 이들의 종합적이고 균등한 관계에 의해 이루어진다고 볼 수 있다. 또한 건축가는 작가로서의 사회적 역할과 책임을 가져야 하는 것이고 그 작업이 창조적 행위라고 하며 그들의 창조적 결과물이 작품으로서의 건축물로 평가 받는 것이다.

국제자유도시를 지향하는 제주는 지금 많은 변화를 시도하고 있다. 제주의 맑고 깨끗함 그리고 아름다운 풍경을 더욱 빛나게 만드는 건축 작업이 이루어지고 있는데, 그 가장 큰 특징은 '쉼'을 위한 공간으로서의 건축물들이 세계적인 건축 거장들에 의해 구축되고 있다는 점이다.

멕시코 건축가 리카르도 레고레타Ricardo Legorreta의 '카사 델 아구아Casa del Agua'와 섭지코지에 자리잡은 스위스 건축가 마리오 보타Mario Botta의 '아고라', 일본 건축가 안도 타다오의 '지니어스 로사이', 그리고 또 다른 일본 건축가 이타미 준伊丹潤이 설계한 바람·물·돌을 테마로 한 미술관과 교회 등이 제주의 풍경과 어우러져 새로운 문화 풍경을 만들어 가고 있다. 이들 구축물들은 일부 상업적 기능을 갖고 있기는 하지만 제주를 찾는 사람들에게 새로운 '쉼'의 공간이 되어 준다는 점에서 더욱 특별하다. 각기 다른 건축 철학을 가진 세계적인 건축가에 의해 구축되는 이러한 쉼의 공간은 땅에 대한 해석과 배치, 건축물의 형태와 공간이 서로 다른 모습으로 자연과 어우러지면서 우리가 '건축'을 더욱 매력적으로 느끼게 끔 하고 있다.

세계적인 건축가 들이 제주에 예술적인 건축작품을 남기는 가운데 멕시코 출신의 세계적인 건축가 리카르도 레고레타의 작품이 외롭고도 아름다운 섬, 제주에 자리 잡게 되었다. 그의 작품명은 '카사 델 아구아'이며 스페인어로 '물의 집'을 의미한다. 국내에는 널리 알려지지 않은 멕시코 건축가 리카르도 레고레타1931~2011는 2011년 12월 타계하기 전까지 활발한 활동을 하였는데 건축계의 노벨상인 프리츠커 건축상 심사위원을 지낸 현대건축계의 거장으로 1999년 미국건축가협회 골드메달, 2005년 전미건축가협회 골드메달을 수상하였다. 그의 대표작으로는 카미노 레알 호텔멕시코, 셰러턴 아반도이바라 호텔스페인 빌바오 등 세계 여러 국가에 60여개의 작품이 있다. 멕시코를 무대로 단순하면서도 오묘한 공간, 시각적 영감, 전통건축의 소재, 그리고 강력한 햇빛에 의해 감성과 관능의 건축을 추구하며 새로운 차원의 멕시코 건축을 구축하였던 건축가 루이스 바라간Luis Barragan에 큰 영향을 받은 것으로 전해지고 있다.

'카사 델 아구아Casa del Agua'는 제주컨벤션센터에 인접하여 건축되고 있는 앵커호텔의모델하우스로 2007년 완공되어 '카사 델 아구아'라는 의미있는 이름을 붙였고 비록 가설건축물로 허가되었으나 정상적인 건축물로 건축되었고 건축적 디테일로 상당히 좋다. 특히 레고레타가 남긴 유작으로 한국에서는 유일하고 아시아지역에서도 몇 되지 않은 작품으로서의 가치도 갖고 있다. 올망졸망한 언덕 위에서 제주의 대지가 만들어낸 아름다운 풍경에 동화된듯하면서도 레고레타 특유의 건축미를 뽐내고 있어 '휴식의 섬' 제주에 디자인적 영감을 불어넣을 건축물로 기대를 모으고 있었으나 불법건축이라는 이유로 철거논의가 되면서 건축계의 이슈가 되었다. 결국 2013년 3월 6일 철거되었고 여전히 제주건축계뿐만 아니라 한국건축계의 이슈로 남아있다. 철거보다는 다양한 문화공간으로 활용하는 방안은 없었는지 아쉬움이 남는다.

　　알려진 바와 같이 레고레타의 건축은 강렬하면서도 절제된 색Color – 빛Light, 정제된 물Wall, 그리고 경계로서의 벽Wall으로 설명될 수 있다. 80세의 원숙기에 접어든 건축가 레고레타의 건축관을 엿볼수 있는 유작으로서의 '카사 델 아구아'는 레고레타를 상징 짓는 색Color – 빛Light은 그의 건축 작품을 더욱 강렬하고도 자극적인 공간으로 유도하게 만든다. 멕시코의 눈부신 태양만큼이나 제주의 하늘과 땅을 강렬히 내리쬐는 태양의 빛은 때로는 색Color의 오묘한 질감을 느끼게 하면서도 때로는 엷은 파스텔 톤으로 변화시키기도 한다. 또한 정제된 물Wal은 색Color – 빛Light의 강렬함을 순화시키듯 조용하면서도 절제되어 내부와 외부의 공간을 이어주는 매개역할이 되기도 하고 물위에 반사되는 빛Light을 부드럽게 그리고 넓게 내부와 외부의 공간을 향해 확산시키는 매개가 되기도 한다. 가장 극적인 것은 벽Wall에 의해 만들어지는 경계와 공간의 명확성에 시시각각으로 더해지는 색Color – 빛Light에 의해 공간적 깊이를 몸과 시각으로 느끼게 하는 점이다.

　　제주의 붉은 돌과 송이의 색을 닮은 '카사 델 아구아'는 사용하는 사람들의 여유로움과 즐거움, 그리고 아름다운 생각이 더해지면서 시간이 흐를수록 더욱 다양한 풍경을 만들어 낼 것이다. 건축가의 의도대로 느림의 풍요로움이 담겨진 제주의 풍

카사 델 아구아의 내외부 모습

경에 취하고 아름다운 공간에 취하면서 그의 건축 작품 역시 함께 변해갈 것이다. 이것이 건축이 갖는 속성이다. 건축이 가지는 가장 본질적인 문제인 '사람을 위한 공간空間'에 대한 물음이 휴식의 섬 제주에서 시작 되고 있는 것이다.

그러나 건축공사 과정속에 재정적인 문제로 인하여 주요건축물인 앵커호텔의 소유자가 변경되면서 모델하우스인 '카사 델 아구아'는 가설건축물 사용허가 신청이 이루어지지 않아 철거위기에 직면하는 상황에 이르게 되어 철거논쟁에 휩싸이게 되었다. 건축물이 불법이라면 당연히 철거되어야 할 것이다. 그럼에도 불구하고 건축계를 비롯한 문화예술계에서 철거를 반대하는 목소리가 커지고 있는 것에 대해서는 귀를 기울일 필요가 있었다고 생각된다. 법 논리에 앞서 다양한 의견에 대하여 논의하고 합리적인 해결을 얻기 위한 과정이 생략된 채 철거되는 잘못은 없는지 진지하게 생각할 필요가 있으리라 생각된다. 이러한 교훈은 1995년에 철거된 한국의 대표적인 건축가 김중업의 대표작 제주대학교 구본관의 철거를 통해서 얻은바 있지 않은가! 건축은 간단히 축조하고 간단히 철거되어지는 존재가 아니다. 삶의 공간을 축조하기 위해 기후와 풍토, 땅의 조건, 사용자의 다양한 가치 등 복잡하고 다양한 요소들을 분석하고 이를 건축적 형태와 공간으로 구축해 나가는 작업의 결과물이다. 그렇기 때문에 건축을 문화의 장르로 평가하는 것이다. '카사 델 아구아'를 둘러싸고 중앙정부를 비롯한 문화계 전반에서 우려하는 목소리를 내었던 배경에 대하여 문화환경으로서의 건축을 구축해 나가는 행정의 리드쉽과 기업의 사회적 책임이 아쉽게 느껴지는 부분이다.

일부에서는 철거를 전제로 지어진 가설건축물이기 때문에 철거되어야 한다는 논리를 갖고 있었으나 사실 가설건축물이지만 가치를 인정받아 다시 복원하거나 보전하여 적극적인 문화자원으로 활용하는 국내외 사례가 많다. 그 대표적인 것인 미스 반 데어 로에Ludwig Mies Van der Rohe의 바르셀로나 파빌리온이다.

독일 표현주의 건축가인 미스 반 데어 로에는 강함을 나타내는 건축의 뼈로서 철과 콘크리트를 이용하였고 뼈의 골격을 감싸는 외피로서 유리를 효율적으로 사용하여 근대건축의 특징을 잘 표현하고 있는 건축가로 유명하다. 특히 미스 반 데어 로에는 수직과 수평적 요소를 이용한 기하학적 공간, 내부와 외부의 상호 연결성, 명쾌한 구조와 비례감, 코어시스템, 새로운 재료 사용을 통한 공간미 표현 등 미스 반 데어 로에에만의 독특한 건축을 구사하였는데 대표적인 작품이 1929년 스페인 바르셀로나 세계박람회 독일관이다. 미스 반 데어 로에는 독일관 설계를 통해 세계적인 건축가로 평가받기 시작하였고 독일관은 현대건축의 걸작으로 평가받고 있다. 가는 금속성 지붕 아래 놓여있는 벽체들의 배열에 따라 한 면은 내부공간이 되기도 하고 다른면은 외부공간으로 전개되는 기하학적인 형태를 갖는 미스 반 데어 로에의 독일관은 세계박람회 이후 철거되었다가 현대건축사적 가치를 인식하여 새롭게 복원되어 새로운 관광자원으로 활용되고 있다.

미스 반 데어 로에의 독일관
외부와 내부 모습

플래툰 쿤스트할레의 외부와 내부모습

또 다른 사례는 쿤스트 할레를 들 수 있다. 독일어인 '쿤스트할레Kunsthalle', '아트홀arthall'이라는 의미의 문화공간을 뜻하며 플래툰 그룹이 운영하고 있다. 플래툰은 2000년 독일 베를린에 유럽본부를 두고 있으며 전세계적으로 네트워크를 형성하여 디자이너, 뮤지션, 작가, 화가, 사진가, 건축가 같은 문화예술가뿐만 아니라 다양한 직업을 가진 이들도 플래툰의 멤버로 참여하고 있다.

그런데 특징적인 것은 시설물은 가설거축물인 중고컨테이너로 건축하여 사용하고 있다는점이다. 중고 컨테이너를 사용하면 비교적 적은 예산으로 실용적인 공간을 만들수 있고, 공간자체를 이동할 수 있다는 장점 때문이다. 또한 세계적으로 강조되고 있는 자유와 유연성을 공간적으로 수용하는 의미도 내포하고 있기도 하다.

우리나라에 2009년 오픈한 플래툰 쿤스트할레는 '서브컬처 플랫폼'을 지향하며 기존 미술관이 담지 못하는 서브컬처, 즉 하위문화의 기반으로서 일상생활속에서 각종 문화예술을 향휴하고자 하는 문화공간을 지향하는 것이다.

하이드공원내 서펜타인 갤러리의 가설건축물 건축모습과 이벤트 행사모습
(출처: telescoweb.com, serpentine Gallwry Pavilion 2002:
Toyo Ito with Arup, 2002)

또 다른 사례는 영국의 하이드공원에 있는 서펜타인 갤러리는 매년 여름 런던 시민을 위해 세계적인 예술가들을 초대하여 특별한 파빌리온을 건설한다. 파빌리온은 7월부터 10월까지 시민을 위한 공공장소로서 카페 등으로 활용되고 경매를 붙여 이전하여 다른 용도로 사용하기도 한다. 이는 가설건축물이지만 예술작품으로서의 건축을 시민과 향유하고 동시대의 건축가들의 작품을 보존하려는 새로운 접근방법이라 할 수 있으며 이러한 이벤트적 행사 자체가 세계적으로 이목을 끌게 됨으로서 런던의 새로운 관광자원으로 재활용되는 좋은 사례라 할수 있다.

이러한 사례를 고려할 때 "카사 델 아구아"는 다양한 방법으로 활용될수 있는 가치를 갖고 있었다고 생각된다. 그럼에도 불구하고 2013년 3월 6일 철거되어 버렸다. 제주도의 건축과 문화에 대한 인식과 수준을 보여주는 부분이다.

04 영화 「건축학개론」의 서연의 집이 보여준 건축의 문화자원 가능성

2012년 3월 개봉되었던 영화 「건축학개론」은 여전히 진행중에 있는 프로젝트인 것 같다. 영화를 통해 젊은 남녀대학생의 첫사랑 이야기, 현대 한국사회의 가족 이야기 그리고 우리의 일상적인 삶의 무대인 집과 도시의 이야기를 함축적이고 서사적으로 담아내어 호평 받았던 영화가 이제는 현실의 세계에서 새로운 변화를 꿈꾸고 있기 때문이다.

좋은 영화였던 것만큼이나 실제무대가 되었던 건축물이 우리들에게 감성적으로 받아들이 는 것은 아마 영화 「건축학개론」만의 독특한 매력이다. 그것은 소통이라는 단어로 설명하는 것이 적절하리라 생각된다. 좋은 도시, 좋은 건축은 소통의 과정속에 형성되어 가는 것이다. 소통은 이해당사자간의 소통뿐만 아니라 자연환경과의 소통, 역사적 흔적과의 소통, 오랫동안 축척되어 왔던 지역사람들의 흔적과의 소통 등을 의미하는 것이다.

지난 4월 27일 제주에는 새로운 문화공간이 탄생하게 되었다. 영화 「건축학개론」의 촬영지중의 하나였던 주인공 서연의 집이다. 이제는 영화를 통한 소통이 아니라 건축의 공간을 통해 관객과의 새로운 소통을 위한 실험적 시도가 진행되고 있다.

먼저 영화 「건축학개론」 속의 건축이야기부터 시작해 보기로 한다.

영화 「건축학개론」이 준비되고 있었던 초기단계에서는 춘천지역을 대상으로 촬영을 검토하였으나 영화내용의 흐름을 고려하여 제주지역으로 변경되었고 후보지 몇 곳을 검토하는 과정에서 현재의 장소와 집으로 결정된 것으로 전해진다. 물론 영화 속에서도 서연의 집이 갖는 의미를 파편적으로 보여주고 있기도 하다.

완성된 건축물을 배경으로 촬영되었던 기존 영화와 달리 건축학개론에서는 설계와 시공, 사용이라는 건축의 기본과정을 영화의 흐름 속에 담고 있다는 점이 가장 큰 특징이었다. 건축을 전공하였던 감독 이용주의 세부적인 구상일는지 모르겠으나 영화속에서의 내용적 전개를 고려하여 단계별로 집을 활용하는 구상을 가졌다. 즉 주인공 서연이 추억 가득한 옛집의 모습을 보여주며 개축을 논의하는 단계초기단계, 주택을 수리하면서 여러 가지 이야기를 전개하는 단계시공단계, 그리고 완성된 집을 토대로 새로운 삶을 이야기하는 단계완공단계를 전제로 집수리와 영화촬영이 이루어진 아주 특별한 의미를 갖고 있다.

새롭게 단장한 서연의 집 전경

촬영이 종료된후에는 서연의 집은 원래 시나리오 작가를 위한 집필실과 숙소기능을 갖는 게스트하우스로 활용하고자 하였으나 태풍으로 인해 가설건축물이 훼손되고 안전상의 위험이 높아 철거후 신축하게 되었다.

상당한 비용이 소요된 서연의 집을 대중의 문화영역을 확대하기 위해 명필름문화재단에 기부 되었고 대중과의 소통을 중시한 명필름문화재단의 대표 의지가 반영되어 영화를 사랑한 많은 팬들을 위한 열린공간, 카페중심의 기능으로 전환하게 되었다.

촬영이후 보전되고 활용된 사례로서 태왕사신기와 올인, 그리고 서연의 집 등을 들수 있다. 그러나 태왕사신기와 올인 세트장은 드라마 촬영공간이었던 반면 서연의 집은 영화촬영공간 이라는 점에 근본적으로 다르다. 즉 태왕사신기와 올인 세트장은 드라마 촬영의 특성상 가상의 공간을 가설형태로 건축될 수밖에 없었으나 서연의 집은 실제 사용 생활공간을 배경으로 하였다는 점에서 활용방법과 가치 확대의 의미가 크다고 할 수 있다.

서연의 집에서 찾을 수 있는 또다른 점은 영화제작이 마무리된 후 건축속의 영화이야기로 장소적 전환과 건축마케팅으로의 가능성을 보여주고 있다는 점이다.

영화로 알려지기 이전 한적하기만 하였던 제주의 작은 어촌마을 위미는 이제 대부분의 사람들이 알고 찾는 지역으로 변화되었지만 촬영공간과 건축이 새롭게 탄생하면서 마을 주민들에게도 작은 변화도 엿보인다. 흥미있는 점은 지역주민 몇 분은 명필름문화재단의 의도를 알기나하듯 한적한 시간에 자신만의 공간을 찾아 커피 한잔을 마시며 바다의 내음과 바람, 숲과 어우러진 마을의 풍경을 감상하고 돌아가곤 한다. 자신이 거주하는 지역에 자신만의 시간을 보낼 수 있는 한적한 공간을 가질 수 있다는 것, 한 잔의 커피를 즐길 수 있다는 것은 참으로 행복한 일일 것이다.

2층의 테라스. 방문객이 가장 좋아하는 공간중의 하나이다.

또 다른 흥미있는 점은 남자홀로 혹은 남자끼리 서연의 집을 방문하는 사례가 많다는 점도 특이한 현상이다. 영화 「건축학개론」은 1990년대 청춘을 향유하였던 남성들을 위한 영화였기에 서연의 집을 남다른 감정과 시선으로 찾는 지 모르겠다. 특히 영화 건축학개론을 보았던 대부분의 관객들은 서연의 집에서 가장 기억될수 있는 요소는 홀딩도어, 발자국, 키재기 표시, 잔디가 아닐까 생각된다. 물론 서연의 집 곳곳에는 이러한 흔적들이 고스란히 남겨져있다.

신축으로 새롭게 탄생한 서연의 집은 거주공간으로서의 집이라는 고유의 기능이 있지만 카페의 기능, 그리고 영화속에 등장하는 다양한 캐릭터와 장면을 기억하게 하는 영화갤러리로서의 기능도 함축적으로 담아내고 있어 경계의 점유가 가장 큰 특징이자 매력적인 요소이다.
 즉 건축학개론에서의 서연의 집이 단순히 의미있는 카페의 공간으로 창출되었다고 평가하기보다는 추억의 장소, 기억의 공간으로서 시간과 공간을 공유한다는 점, 문화적 가치를 향유할수 있는 의미있는 공간을 창출하였다는 점에서 평가되어야 할 부분이 아닐까 생각된다. 영화가 만들어 낸 공간창출이자 의미창출이라는 새로운 방향을 제시하는 것이다.

서연의 집에 남겨진 영화속의 흔적

    특히 서연의 집에서는 일정한 간격으로 '기억의 습작'을 들려주고 있다. '기억의 습작'은 건축과 음악을 전공하였던 두 젊은 남녀 주인공의 색깔이자 두 사람을 연결시키는 단서였다. 기억의 공간에 음악을 가미함으로서 기억의 의미를 더욱 강력하게 자극하는 것이다. 게다가 커피 브랜드를 통해 기억의 공간을 더욱 새롭게 인식시키기도 한다. 첫 번째 브랜드는 15년전의 강의실, 두 번째 브랜드는 피아노의 방, 세 번째 브랜드는 CD Play가 놓인 마루, 그리고 네 번째는 발자국이 있는 집으로 이름 붙여 기억의 공간을 커피의 향과 맛으로 색다르게 기억하게 하는 방법도 흥미로운 아이디어라 생각된다.

'기억의 습작' 음악을 같이 듣는 영화속 장면.
이것은 기억의 공간을 표현이자 서연의 집이 추구하는 소통의 의미를
함축적으로 보여주는 것이기도 하다. (사진 : 명필름문화재단 제공)

　　이와 같이 서연의 집은 영화속의 건축을 관객의 품으로 돌려주면서 문화공간으로의 재창출을 통해 새로운 문화비지니스의 가능성을 보여주고 있다는 점에 주목할 필요가 있을 것이다.

　　이제는 마케팅 시대이다. 마케팅은 물건을 팔기 위한 적극적인 홍보를 의미하는 것이다. 건축이라는 브랜드를 더욱 고부가가치가 있는 상품으로 만들기 위해서는 체계적이고 세련된 마케팅 전략의 수립이 필수적일 수밖에 없을 것이다. 이른바 건축 그 자체를 마케팅하는 것이며 건축마케팅의 상품은 도시와 건축을 구성하는 다양한

서연의 집에서 가장 매력적인 공간. 홀딩도어 넘어 바다의 풍경과 마당에 있는 팽나무. 그리고 거실의 공간이 너무나 환상적이다. (사진 : 명필름문화재단 제공)

공간과 장소들이다. 이번에 새롭게 재탄생한 서연의 집은 시설물과 인적 서비스, 기타 유무형의 것들이 복합적으로 구성되며 다양한 문화적 욕구에 대응하는 건축마케팅의 가능성을 보여주고 있는 좋은 사례이며 앞으로 어떻게 변화되어 갈지 흥미있게 지켜보고싶다.

델픽Delphic 제주마을의 부활을 꿈꾸다
건축가 참여를 통한 마을만들기의 가능성
- 2009 델픽을 보며 -

　　세계문화올림픽인 델픽Delphic이 2009년 9월 9일부터 14일까지 6일간의 일정으로 대한민국의 아름다운 땅 제주섬에서 개최되었다. 올림픽과 델픽은 시작장소와 추구하는 목표에 있어서 유사점이 많다. 올림픽이 그리스에서 시작되었듯이 고대 델픽은 올림픽과 함께 고대 그리스에서 1,000여년간 지속되었던 문화제전이라는 공통점이 있다.

　　그리스의 옛 수도인 델픽에서 태양신이면서 음악, 무용, 시를 관장하는 아폴로에게 바친 제전으로 악기와 노래, 연극 등을 겨룬 뒤 승자에게 월계관을 씌워주는 행사였다. 다만 다른점은 올림픽은 스포츠를 통해 인류의 화합을 추구하였다면 델픽은 문화적 수단을 통해 인류의 화합을 추구한다는 점이 다르다. 국가적 혹은 상업적 성향이 짙은 올림픽이 세계인에 주목을 끄는 만큼이나 델픽은 주목을 받지 못하고 있으나 델픽은 문화를 통하여 인류가 서로를 이해하고 세계 평화를 이루고자 하는 범세계적인 축전이라는 점에서는 상당히 중요한 행사임에는 틀림없다.

　　2009 제주델픽의 또 다른 특징은 음악과 음향예술, 공연예술, 공예 및 시각예술, 언어 예술뿐만 아니라 사회예술, 건축 및 환경예술이 추가되어 다양한 예술경연이

이루어지게 된다는 점이다. 특히 문화로서의 건축과 환경예술이 추가되었다는 점은 우리들의 삶과 공간을 문화적 가치로 새롭게 들여다보자는 강력한 메시지를 담고 있는 것이라고 할 수 있다. 그래서 「문화적 소통」가 사회예술, 건축 및 환경예술부분 프로그램의 주요 주제였다고 할 수 있다. 작품을 통한 작가와 시민들과의 소통, 작품이 설치되는 장소와 주변 환경과의 소통, 작품과 작품의 소통을 통해 서로 화해와 평화를 추구하려는 새로운 시도라고 평가할 수 있다.

　　2009 제주델픽의 사회예술, 건축 및 환경예술부분에서는 세계를 무대로 활동하는 저명건축가 10명이 참여하였다. 이들이 한 자리에 모이는 것으로도 건축계에서는 화제 거리가 되지만 더욱 흥미 있는 점은 표선면 가시리마을 무대로 아름다운 주변 풍경 속에 담겨질 개성있는 건축 작품을 구상하였다는 점이다. 제주 중산간 마을이 그러하듯 올망졸망한 오름의 환상적인 풍경을 간직한 가시리는 근현대사의 변화과정과 자원들이 고스란히 남아 있는 잘 알려지지 않은 마을이다. 그 곳에 개성미 넘치는 건축가들의 작품을 통해 「문화적 소통」을 시도하였다는 실험적 작업이라는 점이다. 참여 건축가들은 그들의 섬세하고 예리한 시각으로 가시리의 풍경과 자원, 그리고 사람들의 삶을 들여다 볼 것이고 이를 바탕으로 문화적 가치를 담는 건축 작품을 선보였다.

참여건축가와 학생들의 작업모습

이와 유사한 외국의 사례들은 많다. 일본 쿠마모토현의 아트 폴리스Artpolis, 나오시마의 이에 프로젝트House project, 스페인 빌바오의 도시재생프로젝트 등이 그러하다. 이들 프로젝트의 공통점은 단순한 조형물을 설치 한 것이 아니라 시민들의 생활과 직접적인 관련성을 갖도록 하였다는 점과 도시 혹은 마을공간의 차원에서 구조물들을 계획하였다는 점이다.

건축가들의 아이디어 작품들은 짧은 행사기간에 소개되어 보다 많은 사람들이 공유하지 못한 점은 아쉬움으로 남는다. 가까운 시일에 작업내용을 정리하여 전시계획을 갖고 있기는 하지만 참여 건축가들의 작품이 단순히 아이디어 차원에서 머물게 된다면 사회예술, 건축 및 환경예술부분의 주제였던 「문화적 소통」의 의미가 상실될 것이다. 건축구조물의 특성상 단순히 그림으로만 보여지고 설명될 수 있는 것이 아니며 설치되어져 작품공간속에서 체험하면서 소통이 이루어지기 때문이다.

참여건축가들이 제안한 「문화적 소통」의 건축작품은 2009 제주델픽 이후 행정당국의 무관심으로 가시마을에 실현된 것은 없다. 작은 문화이벤트 형식으로 가시리 마을공간에 실현되기를 기대하며 이를 통해 가시리 사람들의 삶에 작은 문화적 변화가 일어나 숨겨진 보물 가시리마을의 부활을 꿈꾸어 본다.

06 설계경기, 이제는 개선되어야 한다

　　　　수년 전부터 제주지역에 국내의 유명건축가의 작품들이 지면에 자주 소개되고 있고, 일반인의 건축에 대한 관심도 상당히 높아지고 있는 점은 고무적인 현상이다. 이러한 결과는 설계경기 등을 통해 좋은 건축물 건립하려는 노력들이 있었기 때문이다. 그런데 수년전부터 현상공모 설계 결과에 대한 부정적인 이야기는 심각한 수준인 것 같다. 이야기를 액면그대로 받아들일 필요는 없겠지만 수년전부터 유사한 이야기들이 언급되고 있다는 점은 건축계의 발전에 부정적일 수밖에 없어서 걱정스러운 것이다.

　　　　문제가 되고 있는 내용을 들여다 보면 대부분 심사와 관련된 사항들이다.

　　　　첫째, 가장 큰 논란이 되는 것은 심사위원 구성의 문제이다.

　　　　설계경기는 어떠한 형태와 공간으로 구성될 수 있는가를 보여주는 일종의 아이디어 공모설계인 것이다. 그런데 대부분의 심사에는 구조전문가, 시공전문가 혹은 미술전문가가 포함되어 있다. 심사도면에는 구조적인 문제를 논의할 정도의 도면도 아니거니와 어떤 경우에는 심사의 공정성을 위해 모든 도면을 흑백으로 제출하게 하고는 건축물의 색상평가를 위해 산업디자인 혹은 미술전문가를 참여시키는 웃지 못할 일도 있다.

설계경기의 성격에 따라 다르겠으나 기본적으로는 건축계획과 설계분야 전문가를 중심으로 진지한 논의가 이루어지는 심사위원구성이 필요한 것이다.

둘째, 심사위원 선정과 구성비율의 문제이다.

공정한 심사 확보차원에서 각 대학별로 추천형식으로 심사위원을 추천받고 있으나 이는 추천의 형식을 빌렸을 뿐 과거 행정기관이나 발주처의 담당부서가 배려차원에서 각 대학별로 구분하여 해당분야의 전문가를 선정하는 것과 같은 것이다. 필요에 따라 육지부의 전문가가 참여하기는 하지만 한정된 인원으로 인해 매번 돌아가며 참여하는 형식이 될 수밖에 없는 것이다. 따라서 공정성 확보를 위해 적어도 한국건축문화대상, 한국건축가협회상 등을 수상한 실무건축가와 그에 준하는 능력을 가진 건축가들을 추천받고 관계자 협의를 거쳐 심사인력풀을 구성하고 이들의 참여비율을 높일 필요가 있다. 그래야만 당선작에 대하여 설계의 질을 담보할 수 있고 또한 발주처와 참여설계자, 심사자와 참여설계자, 발주처와 심사자간의 담합관계를 어느 정도 차단 할 수 있기 때문이다.

셋째, 심사과정의 문제이다.

모든 과정이 폐쇄적으로 진행되다 보니 심사의 진행과정에 대해서도 모른 채 결과만을 일방적으로 통보받는 형식이 대부분이다. 자신의 작품이 당선되는 것도 중요하지만 왜 탈락되었는지 자신의 작품이 어떠한 문제가 있는지 정확한 이해를 통해 다음 작업과정에 수정, 보완하고자 하는 참여설계자가 많다. 또 그래야 발전이 있는 것이다.

따라서 심사과정을 인터넷 등을 이용 실시간으로 공개하는 방법등을 통해 심사위원들의 발언이 책임감과 공정성을 가질 수 있게 하는 것도 좋은 방안이라고 생각된다. 특히 심사결과에 대해서도 개별작품에 대한 심사평의 작성과 공개, 그리고 현상공모설계의 규모에 따라 크고 작은 심사작품집을 제작하여 기록으로 보관하는 것도 필요할 것이다.

넷째, 과업지시서의 문제이다.

설계경기의 제출도면은 「계획설계」의 도면 수준에 지나지 않는 것들이다. 그러나 과업지시서의 대부분은 당선작 「실시설계」권부여로 명기되어 있다. 당선작에 대해 기본도면에 대한 도면작성과 검토 작업을 생략한 채 실시설계작업을 요구하는 경우도 있거니와 「기본설계」비용도 지불하지 않는 것을 당연한 것으로 생각하고 있는 것이 현실이다.
저작권보호 차원에서 당연히 「기본설계」 도면작업에 대한 비용지불도 필요할 것이다.

특히 과업지시서에는 「지역성을 느낄 수 있도록 하고」와 같은 포괄적이고 애매한 내용뿐만 아니라 조감도와 모형을 동시에 요구하는 등 불필요한 작업을 강요하는 경우도 있다. 과업지시서는 설계경기의 지침이며 결과물에 중요한 영향을 주는 것이기 때문에 작성에 신중을 기할 필요가 있다.

다섯째, 출품작의 공개전시를 통해 건축문화의 축제로 유도하는 것이다.

설계경기의 대부분은 공공성을 갖는 건축물이며 상징적이고 일정규모 이상의 설계경기의 경우 소요비용이 부담스럽지만 자신의 대표성을 갖는 작품으로 남기고자 희망하는 건축가의 참여가 높을 수 밖에 없다. 또한 일반시민들의 건축에 대한 관심도 높아지고 있는 현실을 고려할 때 설계경기를 작은 건축문화 행사로 유도 할수 있을 것이다.
다시 말해, 당선작과 낙선작 모두를 도청과 시청, 이외의 공공장소에 전시하여 많은 일반시민들이 참여건축가의 노력과 열정이 고스란히 담긴 창조적인 건축작품을 공유共有하는 것도 의미 있었으리라 생각된다. 그리고 공공장소에서의 전시를 통해 발주처의 노력과 애로사항, 행정기관의 활동을 홍보할수 있을뿐만 아니라 건추물 완공후 실질적으로 이용하게 될 시민들의 여러 가지 의견을 수용할수 있는 기회로 활용할수도 있을 것이다. 게다가 전시기간을 통해 참여건축가들이 자신의 작품을 설명하고 건축에 대한 다양한 생각을 공유하는 과정을 통해 건설경제의 요소로서의 건축이 아니라 실질적으로 우리들의 삶을 풍요롭게 하는 문화환경으로서 건축의 가치와 의미를 인식시킬 수 있는 좋은 과정이 될수 있을 것이다.

제주도는 환경수도에 전력을 쏟으려 하고 있다. 환경수도는 자연환경뿐만 아니라 살아가는 우리들의 환경의 아름답고 쾌적하게, 자연과 동화된 삶의 공간을 추구하는 것이다. 아름다운 환경만큼이나 우리들의 아름다운 삶을 담을 수 있는 건축을 구축하기 위해 제대로 된 설계경기가 이루어져야 할 때이다. 필요하면 조례제정과 같은 제도도 개선해야 하고 전문성이 있는 조직구성도 필요할 것이다. 아울러 건축설계종사자 역시 스스로 공정하고 합리적인 자세로 변화와 혁신하여할 것이다.

07 김창열 제주도립미술관가칭 설계경기가 보여준 한국건축계의 슬픈현실

　　　　　　최근 지면을 통해 아름다운 건축소개와 함께 건축가의 삶과 직업, 설계작업의 의미를 다루는 내용이 늘어나고 있는 현상은 우리사회의 새로운 변화라 생각된다. 압축성장과정에서 파생되었던 부동산적 가치중시의 건축이 모든 것이었던 과거와 달리 건축 그 자체를 하나의 문화수준으로 받아들여지고 있는 점은 건축인으로서 고무적인 일이 아닐수 없다.

　　　　　이와 같은 현상은 소득수준의 향상으로 문화로서의 건축에 대한 인식이 높아진 면도 있겠으나 건축이 세상을 바꾼 좋은 사례들이 소개됨으로서 건축에 대한 인식변화와 함께 설계경기등을 통해 좋은 건축물 건립하려는 건축계의 지속적인 노력의 결과이기도 하다. 사업비의 많고 적음에 비중을 두고 평가하는 입찰방식과 턴키방식과는 달리 설계경기는 설계자의 참신한 아이디어와 디자인 능력을 중시하는 것이기 때문에 결과물로서의 건축물은 어느 정도 질적으로 담보될 수 있는 좋은 방식이다. 이러한 잇점 때문에 공공기관을 중심으로 설계경기가 이루어지고 있다.

　　　　　그러나 이해관계가 얽혀있기 때문에 설계경기의 결과가 발표되고 나면 항상 이런 저런 이야기가 나오기 마련이지만 수년전부터 설계경기 결과에 대한 불평의 이야기는 심각한 수준인 것 같다. 이야기를 액면그대로 받아들일 필요는 없겠지만 대부분의 설계경기가 끝날 때 마다 반복적으로 이루어지고 있다는 점을 고려할 때 걱정스러운 것이다.

더욱이 최근 제주도에서 있었던 가칭 김창열 제주도립미술관이하 김창열 미술관 설계경기는 추진과정과 심사종료를 제출모형의 처리 문제 등을 둘러싸고 지면과 트위터 등을 통해 논란이 되고 있은 한국건축계의 슬픈 단면을 보여주는 것 같다. 또한 설계경기 진행과정에서 불거진 여러 가지 문제점에 대한 정확한 이해없이 단순히 제출모형의 처리문제만으로 트위터 등 온라인상에서 불만의 감정을 토로하는 것도 적절치 않은 것 같아 김창열 제주도립미술관 설계경기추진과정상의 문제점을 정리해보고 이를 통해 공공성과 창의성, 객관성이 담보될수 있는 설계경기의 개선을 위한 몇가지 구상을 정리해 보고자 한다.

무엇이 문제였는가?

논쟁 1. 공공성 강한 미술관의 위치에 대한 검토가 적절했는가?

미술관의 위치문제이다. 현재 제주도내에는 제주도립 미술관, 저지현대미술관, 기당미술관을 비롯하여 사설 미술관이 운영되고 있지만 접근성이 떨어져 시민들의 일상생활속 문화예술향유, 문화예술의 대중화가 사실상 어려운 현실이다. 김창열 미술관의 건립위치도 저지리 저지문화예술인마을 문화지구내에 위치하게 되어 시민의 사랑을 한껏 받으며 대중적인 문화예술 공간으로 자리 잡기에는 한계가 있을 것 같다. 자칫 예술가를 위한 예술공간으로 변질될 가능성도 부정할수 없을 것이다. 제주도의 미술관을 찾는 제주도민의 비율이 높지 않는 점이 이를 반영하고 있는 것이 아니겠는가! 미술관과 공원정비를 통해 도시재생의 성공사례를 만든 스페인 빌바오의 쿠켄하임 미술관처럼 도시문제와 시민의 예술적 욕구를 충족해 낼 수 있는 미술관의 위치 검토가 필요한 이유가 여기에 있는 것이다. 그러나 미술관의 부지선정과정에는 관계전문가뿐만 아니라 미술관의 주인이 되어야 하는 시민의 다양한 의견을 반영하고자 하는 과정과 그에 대한 논의가 미흡했다는 점은 여전히 개선되지 않은 행정편의중심의 설계경기의 단면을 보여주는 것이다.

논쟁 2. 도립미술관으로서 규모는 적정한가?

미술관의 규모문제이다. 김창열 미술관이 건립될 장소에 인접하여 2007년에 개관된 제주현대미술관이 건립되어 비교적 잘 운영되고 있는 것으로 평가받고 있다. 문제는 김창열 미술관이 제주현대미술관연면적 1,773㎡, 지하1층 지상2층과 거의 유사하게 연면적 1,300㎡, 지하1층 지상2층 규모로 건립될 뿐만 아니라 미술관내 공간구성에 있어서도 거의유사하다는 점이다. 이는 거의 유사한 기능과 규모의 미술관을 집중됨으로서 문화예술공간의 편중화, 상호보완적 기능의 약화로 이어질수 없을 것이다. 그마나 유지되어온 제주현대미술관의 정상적인 기능마저 약화될 가능성이 크다는 우려도 예상된다.

논쟁 3. 프로그램에 대하여 신중하게 검토하였는가?

미술관의 기능적 프로그램문제이다. 앞서 제주현대미술관과의 유사성으로 인한 김창열 미술관의 기능적인 문제점을 언급하였듯이 프로그램은 미술관의 성격을 결정짓는 중요한 문제이며 기존 미술관과의 기능적인 관계설정에 있어서도 중요한 문제라 할수 있다. 사실 김창열미술관 건립을 추진하기 앞서 제주도의 중장기 문화예술정책의 틀속에서 기존 미술관과 상호보완적 관계와 운영프로그램 등에 대하여 미술관의 핵심적인 논의가 선행되지 못한 점은 김창열 미술관 건립후 운영관리에 있어서 상당히 걱정스러운 부분이다. 특히 가칭이기는 하지만 김창열 제주도립미술관이라는 명칭을 사용할 예정이라면 기존의 제주도립미술관과의 관계, 기능 등도 신중히 고려되었어야 할 부분이 아닐까 생각된다. 일례로 최근 옛 국군기무

사령부를 개조한 서울관 개관을 앞두고 있는 국립현대미술관은 기존의 과천관, 덕수궁관과 함께 서울관 체제아래 각각의 미술관을 특성을 살려 과천관은 원로작가, 청년작가 지원과 현대미술사 연구중심과 전시, 덕수궁관은 근대미술전시와 연구, 그리고 서울관은 동시대의 현대미술전시 중심으로 운영될 예정이다. 국립현대미술관의 조직과 운영프로그램 등 시사하는 바 크다. 이와 유사한 제주도문화공간에 대한 기본적인 방향은 「제주도 2차제주향토문화예술진흥중장기계획」에서도 제시하고 있기도 하다. 때 늦은 감은 있으나 김창열미술관 건립과정에서 지적되고 있는 이러한 문제점에 대하여 제주도 문화예술의 중장기 계획측면에서 미술관의 위치와 규모, 프로그램 등에 대하여 재론의 여지는 없는지 다시한번 깊은 고민을 해야할 때가 아닌가 생각된다. 왜냐하면 박물관 미술관과 가장 대중성이 높은 공공문화시설이자 도시의 문화수준을 가늠하는 척도가 되기 때문이다.

논쟁 4. 심사위 구성은 적절했는가?

턴키방식과는 달리 설계경기에서 다루는 도면은 계획단계의 도면들이라고 할 수 있다. 즉 최상의 아이디어를 바탕으로 어떠한 형태와 공간으로 구성될 수 있는가를 보여주는 일종의 아이디어 공모인 것이다. 가장 중요한 것은 어떻게 공간적으로 기능적으로 계획이 되어있는가, 도시적 맥락에서 형태가 수용될 수 있는가 등의 문제가 중요한 것이다. 그런데 대부분의 심사에는 구조전문가, 시공전문가 혹은 미술전문가가 포함되어 있다. 심사도면에는 구조적인 문제를 논의할 정도의 도면도 아니거니와 구조검토는 기본설계단계에서부터 구조전문가의 협조를 받기 때문에 불필요한 작업인 것이다. 게다가 어떤 경우에는 심사의 공정성을 위해 모든 도면을 흑백으로 제출하게 하고는 건축물의 색상평가를 위해 미술전문가를 참여시키기도 하는 웃지 못할 일도 있다.

설계경기의 성격에 따라 다르겠으나 기본적으로는 건축계획과 설계분야 전문가를 중심으로 진지한 논의가 이루어지는 심사위원구성이 필요한 것이다.

그리고 심사위원 선정과 구성비율의 문제도 빼놓을수 없는 부분이다. 이번 김창열 미술관 설계경기에서도 관례대로 심사의 공정을 확보차원에서 각 대학별로 추천형식으로 심사위원을 추천받아 진행하였으나 이는 추천의 형식을 빌렸을 뿐 과거 행정기관이나 발주처의 담당부서가 각 대학별 배려차원에서 해당분야의 전문가를 선정하는 것과 같은 것이다. 필요에 따라 제주도 외부의 전문가가 참여하기는 하지만 한정된 인적자원으로 인해 매번 돌아가며 참여하는 형식이 될 수밖에 없는 것이다.

특히 이번 김창열 미술관 심사위원구성에는 건축설계, 건축디자인, 건축계획, 건축시공, 건축설비, 미술관, 미술평론, 예술분야 와 같이 애매한 분야로 구분하여 심사위원이 구성되었고 당초 발표된 심사위원에는 기증당사자인 김창열 화백도 포함되어 있었던 것으로 전해져 심사의 공정성 시비를 벗어나기 어려울 것 같다는 생각이 들 수밖에 없을 것이다.

논쟁 5. 심사 다음날 쓰레기로 처리된 제출모형

이처럼 김창열 미술관 설계경기는 시작단계에서는 미술관이 들어설 장소문제와 과업지시서의 적절성 문제로 논란이 있었고 공모작품에 대한 심사 직전에는 심사의 공정성을 둘러싸고 논란이 되기도 하였다. 그런데 이번에는 가칭 김창열 도립 미술관 설계경기 심사 다음날 출품모형을 쓰레기로 처리되어 논란이 되고 있는 현실을 보면서 행정기관이나 일반시민들의 건축에 대한 인식이 여전히 개선되지 못하고 있는 것이 아닌가 생각하게 한다. 건축설계는 인문학적 가치를 갖는 땅의 이해와 분석을 바탕으로 수요자의 다양한 요구조건을 공간화하는 창조적 작업이기에 고도의 전문지식과 힘든 작업이 요구되는 작업이다. 그렇기 때문에 출품작품 하나 하나가 참여건축가의 전문지식과 열정이 고스란히 담겨져 있는 자신의 작품일 수밖에 없을텐데 쓰레기로 처리되었으니 불만스러울 수밖에 없을 것이다.

더욱이 참가희망자들에게 배포된 과업지시서의 당선작 및 입상작에 관한 사항 중 「낙선작에 대한 응모작품의 반환은 입상작 발표일로부터 7일 이내에 반환받아야 하며 반환에 따른 비용은 응모자가 부담한다」라고 명기되어 있어서 규칙대로 처리하지 않은 것은 비판될 수밖에 없을 것이다. 게다가 굳이 많은 비용을 들여 제작한 모형을 쓰레기로 처리할 필요가 있었는지 의문이다. 오히려 당선작과 낙선작 모두를 도청과 시청, 이외의 공공장소에 전시하여 많은 일반시민들이 참여건축가의 노력과 열정이 고스란히 담긴 창조적인 건축작품을 공유共有하는 것도 의미 있었으리라 생각된다. 그리고 공공장소에서의 전시를 통해 발주처의 노력과 애로사항, 행정기관의 활동을 홍보할수 있을뿐만 아니라 미술관 완공후 실질적으로 이용하게 될 시민들의 여러 가지 의견을 수용할수 있는 기회로 활용할수도 있을 것이다. 게다가 전시기간을 통해 참여건축가들이 자신의 작품을 설명하고 건축에 대한 다양한 생각을 공유하는 과정을 통해 건설경제의 요소로서의 건축이 아니라 실질적으로 우리들의 삶을 풍요롭게 하는 문화환경으로서 건축의 가치와 의미를 인식시킬수 있는 좋은 과정이 될수 있을 것이다. 이런 문제를 언급하는 것은 김창열미술관 설계경기 주관부서가 문화정책과였다는 점에서 더욱 설득력을 갖는다고 생각된다.

— 그렇다면 개선의 방안은 없는 것인가? —

건축행정과 관련된 업무를 담당하는 중앙정부의 관련부서는 국토해양부와 문화관광체육부가 있다. 국토해양부는 건축사 자격취득을 비롯한 건설업무 전반을 다루고 있다면 문화관광체육부는 문화영역의 부분으로 건축을 다루는 정책과 사업을 지원하고 있다는 점이 다르다. 이처럼 건축은 건설경제의 특성을 갖고 있으면서도 다른 측면에서는 문화환경의 구축이라는 양면적인 특수성을 갖고 있음은 잘 알려진 바이다.

그러나 무엇보다 건축은 우리들의 일상적인 생활과 가장 밀착되어 있는 의식주 衣食住의 요소중에서 가장 많은 비용과 가장 오랜 사용하는 소비재라는 점에서 입는 것衣과 먹는 것食보다 중요할 뿐만 아니라 국가와 지역, 혹은 개인의 문화적 수준을 가늠할수 있는 척도가 된다는 점에서 중요하다고 생각된다.

그렇기 때문에 설계경기의 방식은 개선되어야 할 중요한 문제가 아닐수 없다.

앞서 언급하였듯이 설계경기의 제출도면은 계획도면의 수준에 지나지 않는 것들이다. 그러나 과업지시서의 대부분은 기본도면으로 명기되어 공고하고 있다. 당선작에 대해 기본도면에 대한 도면작성과 검토작업을 생략한 채 실시설계작업을 요구하는 경우도 있거니와 기본설계비용도 지불하지 않는 것이 당연한 것으로 생각하고 있는 것이 현실이다.

특히 과업지시서에는 구체성이 없이 포괄적이고 애매한 내용, 예를 들면 「지역성을 느낄수 있도록 하고」라든지 「경관에 어울릴 수 있도록」 등의 내용뿐만 아니라 불필요한 작업을 강요하는 경우도 있다. 예를 들면 조감도와 모형을 동시에 요구한다든지 설계설명서 등이 대표적인 것들이다. 과업지시서가 오히려 설계자의 비용부담을 증가시켜 참신하고 능력있는 작은 설계사무소의 참여를 막는 것이다.

애매하고 모호한 과업지시서의 내용으로 인해 설계작업을 혼란스럽게 만들기도 하고 실제로 심사과정에서는 이러한 내용들을 진지하고 논리적으로 검토가 이루어지지 못하고 있는 것이 우리의 현실인 것이다.

특히 공정성을 확보하기 위해서는 적어도 한국건축문화 대상, 한국건축가협회상 등을 수상한 실무건축가와 그에 준하는 능력을 가진 건축가들을 추천받고 관계자 협의를 거쳐 심사인력풀을 구성하고 이들의 참여비율을 높일 필요가 있을 것이다.

특히 설계경기에 참여한 업체의 입장에서는 모든 과정이 폐쇄적으로 진행되다 보니 어떠한 기준으로 심사위원을 구성하였는지 알 수 없을 뿐만 아니라 심사의 진행과정에 대해서도 모른 채 결과만을 일방적으로 통보받기 때문에 불만스러울 수밖에 없는 것이다. 이러다 보니 심사가 끝나고 심사자로부터 이런 저런 이야기를 비공식적으로 전해들을 수밖에 없고 이 과정속에 갖가지 추측들이 나오는 것이다. 사실 소문에 지나지 않는다고 무시할수도 있겠으나 대부분이 사실이기 때문에 문제인 것이다.

자신의 작품이 당선되는 것도 중요하지만 왜 탈락되었는지 자신의 작품이 어떠한 문제가 있는지 정확한 이해를 통해 다음 작업과정에 수정, 보완하고자 하는 건축가가 대부분이다. 또 그래야 발전이 있는 것이다. 따라서 심사과정를 인터넷 등을 실시간으로 공개하는 방법을 통해 심사위원들의 발언이 책임감과 공정성을 가질 수 있게 하는 것도 좋은 방안이라고 생각된다. 특히 심사결과에 대해서도 개별작품에 대한 심사평의 작성과 공개, 그리고 설계경기의 규모에 따라 크고 작은 심사작품집을 작성하여 기록으로 보관하는 것도 필요할 것이다. 이는 제주의 건축이 어떻게 발전 변화되어 왔는가를 정리하는 데 중요한 단서가 될수 있기 때문이다.

건축은 우리에게 무엇인가? 한국사회에서의 건축사, 건축인의 사회적 위치는 어느 정도인가? 최근 김창열 미술관 설계경기를 둘러싼 건축계의 논란을 보면서 건축의 사회적, 문화적 가치와 행정의 역할을 다시금 생각해 본다. 그리고 한편으로 우리 건축인들이 온라인상에서 우리들만이 흥분하며 불쾌감을 갖기 보다는 우리가 살아가는 삶의 공간에서 건축이 새롭게 변화될수 있는 다양한 해법을 찾기 위한 논의와 실천적 행동으로 옮겨져야 할 때가 아닐까 생각해본다.

08 / 제주전통건축 보존과 활용

　　　　우리에게 문화재는 무엇인가? 문화재는 단순히 과거의 선조들이 남겨 놓은 유물遺物이 아니라 우리 민족문화의 창의성과 독창성, 삶의 지혜, 그리고 미美 의식을 표현하고 있는 총체적 산물産物인 것이다. 이러한 총체적 산물들이 토대가 되어 현재의 다양한 문화를 창출해낼 수 있는 원동력이 되는 것이며 역사와 문화의 유산으로 미래에 남게 되는 것이다. 문화재가 많은 도시는 고풍스럽고 품위 있으며 그 곳에 살아가는 사람들의 삶의 깊이를 몸과 마음으로 느끼게 한다. 그런 도시의 문화와 문화재를 많은 사람들은 보려가고 싶어 한다. 이것이 궁극적인 문화도시이자 관광의 지향점이다.

　　　　제주에도 적지 않은 중요문화재, 그리고 등록문화재로서의 가치를 갖는 건조물과 장소들이 지역 곳곳에 산재해있다. 특히 오랜 시간의 흐름속에 제주의 풍토와 생활여건에 맞도록 변형 되어가며 구축된 제주의 전통건축, 초가초집와 와가들도 제주사람들의 삶의 단면을 보여주는 문화재적 가치를 갖는 역사적 산물이다. 따라서 비록 일부 건축물은 중요문화재, 등록문화재로 지정되어 보호되고 있으나 넓은 의미에서는 제주의 전통건축은 제주의 정체성을 담보할수 있는 중요한 자원이라고 해도 과언은 아닐 것이다.

이와 같이 제주전통건축은 하나하나가 제주의 역사가 스며든 문화자원이자 정체성이다. 즉 그 속에 숨겨진 사실史實들을 조금씩 이해하게 될 때 아름다운 땅, 제주에 어떠한 일들이 일어났는지, 사람들은 어떠한 생각을 하였는지, 어떻게 살아왔는지를 퍼즐을 짜 맞추어 가듯 제주의 역사와 문화를 이해해 가게 되는 것이다. 그리고 정체성은 제주의 역사와 문화의 깊은 이해가 있을 때 가능한 것이다. 그 원동력의 출발점은 전통건축의 보존과 적절한 활용에서 시작되는 것이다.

이를 위해서는 제주전통마을의 재현사업을 통해 고령화되어 가는 장인匠人의 축조기술을 자료로 정리하여 연구 및 복원자료로 활용될 수 있는 방안, 제주전통마을의 활용에 있어서도 전통마을에 제주의 인간문화재를 거주하게 하여 문화재기술 전수가 이루어지는 문화 전수장으로서, 그리고 아울러 일반인들에게 제주문화의 우수성을 알리는 전시공간 활용방안, 그리고 현대적인 삶에 적용하고 응용할 수 있는 전통건축의 현대화 방안 등 다양한 접근이 가능하리라 생각된다.

먼저 기술적 측면에서의 접근방안을 고려할 필요가 었을 것이다.

첫째, 전통건축 기술자의 육성과 지원이다.

철근콘크리트 구조가 일반화, 보편화되어 있는 현대건축물에 대한 비판적 시각이 높아지고 있고 웰빙을 중시하는 사회 변화속에 친환경 주거공간, 특히 목조건축에 대한 관심이 높아지고 있다.

그러나 현실적으로는 도제徒弟 시스템이 붕괴되어 전통적 방법으로 축조기술을 전수받은 기술자도 없거니와 제주전통건축의 인문사회적 지식과 축조기술을 체계적으로 습득한 전문 기술자도 많지 않아 제주전통건축을 보급하고 현대적으로 계승할 수 있는 토대가 상당히 빈약하다고 할수 있다.

장인匠人으로 불리는 기술자는 전통건축의 축조기술전승과 전통건축의 산업화, 현대화에 있어서도 중요한 위치를 점하고 있다. 따라서 전통건축의 보전과 활성화를 위해서는 기술자 육성을 위한 교육제도와 정책적 지원이 필요하리라 생각된다. 교육제도에서는 실업계 고등학교와 전문대학, 그리고 대학교의 관련학과에서 목조건축기술을 중심으로 제주전통건축 축조기술 교육과정을 신설하고 강화할 필요가 있을 것이다. 그리고 제도적으로는 이들 교육과정에 대해 일정부분 실험실습과정을 지원해주는 정책적 지원프로그램도 적극적으로 검토 할 필요가 있으리라 생각된다.

둘째, 현대적인 삶을 수용할 수 있는 전통건축의 표준화이다.

전통건축관련 기술자의 육성과 아울러 중요한 사항중의 하나는 전통건축에 대한 부정적인 이미지와 경제적 부담 문제를 해소하는 것이 선결되어야 할 부분이라 생각된다.

일반적으로 대부분의 사람들은 전통건축에서의 생활은 현대적인 생활공간에 부적합하여 상당히 불편하고 추우며 건축비용이 상당히 비싸다는 이미지를 갖고 있다.

그러나 한옥에 대한 관심이 높아지면서 한옥이 급속히 진화하며 발전하고 있는 것도 사실이다. 전국 최초이자 유일의 한옥 공공청사 건물로 사회적으로 신선한 변화의 바람을 불러일으킨 서울 종로구 혜화동사무소가 대표적인 사례이다. 1940년대 지은 'ㄷ자' 모양 한옥을 외관과 건물 배치를 그대로 살리면서 내부를 현대식으로 개조해 2005년 12월 동사무소로 오픈한 혜화동사무소는 한옥의 전통과 동사무소의 현대적 기능을 잘 조화시켜 한옥 리모델링의 우수사례로서 기존 한옥의 활용방안을 제시함과 아울러 한옥의 진화가능성을 보여주는 것으로 평가된다. 특히 공공건축뿐만 아니라 민간건축에 있어서도 일부 건축가를 중심으로 현대적인 삶을 수용하는 공간구조이면서도 고풍스러운 한옥의 멋을 고스란히 담긴 현대풍의 한옥이 건축되면서 높은 관심을 끌고 있고 한옥의 현대화 가능성을 단적으로 보여준다.

이러한 사회여건을 고려할 때 제주전통건축도 충분히 가능성을 갖고 있다고 생각되며 기술자의 육성과 아울러 제주전통건축의 구조체를 표준화하는 작업이 중요하다고 할수 있다. 구조체 표준화작업을 통해 산업화의 기반구축이 가능하며 이는 경쟁력이 있는 건축산업으로 정착될수 있을 뿐만 아니라 소비자에게는 경제적인 전통건축을 제공할수 있기 때문이다.

아울러 제주전통건축의 표준화는 제주사회의 여건을 고려하여 구법과 재료가공 등 여러 가지 기술적 측면에서 검토되어야 할 것이다.

아울러 제도적 측면에서의 접근방안도 고려할 필요가 있을 것이다.

첫째, 전통건축산업 활성화를 위한 지원 정책 및 조례제정이다.

앞서 언급한바 있는 기술자의 육성프로그램을 통해 배출된 기술자의 안정적인 작업장을 확보하는 것도 전통건축의 활성화를 위해 상당히 중요하다고 할 수 있다. 이는 안정적이고 의미있는 직장확보가 가능하다는 것은 궁극적으로는 젊고 우수한 기술자 육성 프로그램에 집중될 수 있고 배출을 통해 양질의 전통건축을 구축할수 있는 선순환적인 사회구조로 이어지기 때문이다.

따라서 주택정책에 있어서 일정비율의 전통건축활성화를 위한 장단기 목표설정를 수립하고 이를 달성하기 위한 도시개발사업에 적용하는 등 전통건축 신축보조금 지원정책과 기술적 지원을 위한 가칭 「제주전통건축 육성 및 기술지원센터」 설립을 통해 직접 혹은 간접적인 지원을 검토하는 것도 좋은 방안이라고 생각된다.

둘째, 원도심 재생사업 지역에서의 시범사업 추진이다.

제주사회의 가장 심각한 문제중의 하나가 원도심 활성화이다. 2008년부터 원도심에 대한 재정비 및 재개발을 위한 지구지정과 계획이 논의되어 왔으나 2012년 12월 제주지역사회의 주요현안이었던 구도심 일대의 도시재정비촉진지구 지정이 해제되었다. 과거와 같은 아파트중심의 재개발방식으로는 구도심을 활성화할 수 없다. 새로운 시각으로 구도심이 처해 있는 문제점들을 진단해 볼 필요가 있을 것이다. 재생에 초점을 둔 활성화의 핵심은 주거환경개선을 통한 삶의 질 개선, 역사문화적 장소의 가치 극대화, 다양한 이해당사자들의 참여가 전제되어야 한다는 점이다.

원도심의 공간구조를 보면 주요 도로주변은 비교적 신축건축물이 집중되어 있으나 이면裏面블록에는 노후주택이 집중적으로 분포되어 있는데 이들 지역을 중심으로 공간구조와 주거환경을 재생하는 수법을 적용할 필요가 있다고 생각된다.

따라서 대안의 하나로 원도심 지역의 블록단위로 개발을 전제로 일정지역에 대해서는 북촌과 같이 제주의 전통건축마을 육성지역으로 도시재생을 모색하는 것도 필요하지 않을까 생각된다. 서울 북촌의 사례를 통해서도 알수 있듯이 가장 중요한 것을 유지하고 보존하며 새로운 것을 창출하는 진지한 고민과 구체적인 방안이 필요하다는 것이다. 일제강점기때 철거되어 자동차 도로가 되어 버린 제주 성城과 주변공간을 복원하기 위한 방안을 적극적으로 마련하고 있는지, 그리고 관덕정과 제주목에 어울리는 현대적인 전통가옥을 활성화 시킬수 있는 방안은 없는지, 현존하는 골목길의 골격과 체계를 유지하면서 서울북촌 8경과 같은 "원도심 8경"을 만들 수 없는지 또한 도심속을 여유롭게 거닐며 제주의 예술과 음식, 공예의 멋과 맛 등을 즐길 수 있는 문화상업시설을 혼재 시킬수 없는지, 대규모 관광지를 찾아가는 관광객을 원도심속으로 끌어들이기 위해 산지천과 한천, 병문천을 기반으로 하는 제주전통건축이 진화되고 현대적 감각으로 재탄생하여 조성된 체류형 주거공간 활성화와 전통 재래시장과의 연계와 면세쇼핑공간의 혼재는 불가능한지 등등 도시재생의 목적에 맞게 여러가지 검토할 부분이 많으리라 생각된다.

제6장

삶과 추억, 기억의 공간

01 /보이지 않는 도시

'보이지 않는 도시'는 보르헤스, 마르케스와 함께 현대 문학의 3대 거장으로 꼽히는 작가, 이탈로 칼비노의 대표작으로 쇠락해 가는 타타르 왕국의 황제, 쿠빌라이 칸과 베네치아의 젊은 여행자, 마르코폴로의 대화형식으로 진행되면서 유토피아적인 도시 이야기를 담고 있는 소설이다. 여행자 마르코폴로가 황제 쿠빌라이 칸에게 언급하는 도시들은 유토피아적인 도시 이야기에 지나지 않을는지 모르지만 욕망을 실현하는 대상에서 극복의 대상으로 변해버린 현대 도시가 어떻게 구축되어야 하는지 생각하게 하는 작가의 깊은 의도를 엿볼수 있다. 소설 "보이지 않는 도시"는 유토피아적인 도시를 상상하고 그려보는 과정속에 현대도시를 비판적으로 투영해봄으로서 보다 나은 미래도시를 꿈꾸게 한다. 아울러 "보이지 않는 도시"는 과거와 현재, 미래의 도시를 이야기 하면서도 인간과 마찬가지로 도시 역시 탄생과 성장, 쇠퇴, 그리고 소멸하는 유기적 생명체라는 이야기도 담고 있다. 궁극적으로 도시에서 중요한 것은 길과 건축물, 다리와 같은 "보여지는 것"들이 아니라 도시의 이면裏面에 담겨진 기억과 욕망, 그리고 기호와 같은 "정신적인 것들", "보여지지 않는 것"들이라는 점을 강조하고 있다. 사실 도시계획이라는 것이 현실을 바탕으로 이상향을 꿈꾸는 도시만들기가 아닌가?

"보이지 않는 도시"의 시각에서 볼 때 최근 제주사회와 건축계의 이슈인 탑동 추가매립과 카사델아구아 철거문제를 다르게 접근할 수 있지 않을까 생각해 본다. 논란의 핵심에 있는 탑동은 무근성의 장소가 풍수적으로 좋지 않아 무근성 좌우에 돌탑을 쌓고 제사를 지냈는데 탑 아래쪽에 마을이 형성되어 탑 아래쪽 마을이란 의미의 탑알, 탑바리, 탑동 등으로 불리게 되었다는데서 유래되었다. 간조 때 마을 주민들이 해산물을 채취하고 수영을 즐기던 추억과 기억의 장소이다. 그러나 제주의 대표적인 해안경관과 삶의 흔적과 지역의 역사가 담겨진 탑동은 매립으로 인해 기억은 사라지고 인간의 욕망으로 가득한 개발의 기호로서 남게 되었다. 이런 장소를 추가 매립한다고 한다. 과거 추진되어 왔던 택지개발지구와 도시재생사업과 마찬가지로 탑동추가매립은 끝없는 인간의 욕망과 비문화적이고 폭력적인 개발상징의 기호만이 존재하는 제주도시의 단면을 보여주는 것이다. 여기에는 아련한 추억과 기억, 자연과 공존하려는 인간의 아름다운 욕망과 문화적 기호가 존재하지 않는다.

철거 되어버린 직면해있는 카사델아구아 역시 법적논리와 해안경관문제만으로 철거 논의를 하기보다는 좁은 의미로 볼 때 기억과 욕망, 그리고 기호의 복합체로서 건축과 건축가 작품에 대한 논의가 필요하지 않을까 생각해본다. 과거 논란이 되었던 한라산 케이블카 설치, 예래동과 노형동의 초고층빌딩 건축, 이 모든 것들이 '보여지는 도시'의 허상虛想을 추구하는 것들 이라는 생각이 든다.

진정 '보이지 않는 도시'를 꿈꾸는 것은 너무나 비현실적인 것인가? 행정조직, 시민, 전문가집단의 문제는 없는 것인가? 최근 제주사회의 복잡한 이슈들을 보면서 우리 도시가 안고 있는 문제의 본질에 대하여 진지하고 현명한 해결노력이 필요하리라 생각해본다.

02 / 왜 과거의 흔적을 지우려하는가!

소위 뼈대있는 집안이라면 가계家系를 알수 있는 족보族譜를 중요시한다. 과거 선조들이 어떠한 위치에서 어떠한 활동을 하였는지 후세에 알리고 그것을 자랑스럽게 보여줌으로서 자기 스스로도 같은 권위를 느끼고 싶기 때문일 것이다. 도시에도 족보라는 것이 있다. 아름답고 품위 있으며 기쁨과 슬픔의 역사적 흔적을 가진 도시의 과거장소와 흔적의 남김을 의미하는 것이다. 이런 족보가 있는 도시가 바로 역사도시이자 명품도시, 품격 있는 도시, 미래가 있는 창조도시가 아니겠는가!

이러한 도시가 만들어지는 것은 땅의 존중에서 시작되는 것이다. 모든 것은 땅에서 시작되어 땅과의 관계에서 끝나게 되는 것이다. 땅이 갖는 형상지형과 형질지세에 의해 다양한 삶의 문화가 만들어지게 되는 것이다. 특히 제주가 그러하다. 그러한 흔적을 지문地文이라고 한다. 땅위에 남겨진 혹은 새겨진 흔적들을 의미하는 것이다. 하늘위에서 바라보았던 제주의 지문은 정말 화려하고 다양하며 제주가 보물섬이라는 것을 느끼게 한다.

그러나 제주의 지문은 서서히 찾아 볼 수 없게 되었다. 말하자면 족보가 없는 도시로 변해가고 있는 것이다. 내세울 족보가 없으니 볼거리도 빈약하고 모습도 초라하기 짝이 없다.

제주의 개발은 어떠한가? 해안도로를 개설하면서 수많은 포제단과 당이 철거되었고 때로는 지질학적 가치가 있는 해안을 파괴하여 왔다. 택지개발로 인해 부지는 불도저로 깨끗이 정리되었고, 도로를 위해 심각한 절토와 성토로 인해 아름다운 땅의 형상이 심하게 왜곡되고 있다. 토목경관이 더욱 심각하다.

지속적으로 반복되는 비양도와 한라산의 케이블카 설치논의는 땅에 의해 만들어진 수 천년을 이어온 과거의 경관과 공공의 경관 자원적 가치를 존중하기 보다는 사업자의 개발가치를 중시한 것이다.

그리고 제주의 도시는 어떠한가? 제주 땅의 특이한 조건을 충분히 고려하지 않은 채 살기 좋은 도시를 만든다며 바둑판 모양으로 균질하게 구획정리하고 높은 건축물을 가득히 짓고 있다. 썰물 빠지듯 사람들이 빠져나간 원도심原都心에서의 도시재생 사업도 여느 도시재개발과 다를 바 없다. 주민설명회에서는 더욱 높은 건축물을 지을 수 있도록 고도완화를 요구하고 있고 행정당국도 이를 적극 검토하겠다고 한다. 도시의 본질을 이해하지 못하고 있는 것이다. 원도심에 남아 있는 골목길의 흔적과 근현대적 건축물, 그리고 칠성통과 같은 역사적 가치가 있는 장소와 문화유적을 충분하고도 면밀하게 고려하지 않은 채 고층건물을 가득히 채우려는 지극히 토목적인 발상의 접근이 아닌지 걱정스럽기만 하다. 단순히 경관훼손의 문제를 떠나서 제주의 과거 흔적들이 사라지기 때문에 더욱 안타깝고 걱정스러운 것이다. 우리가 허름한 족보속에 담겨진 과거의 흔적에 믿음이 가고 가치있는 것으로 평가하는 것도 손 때묻음에서 오는 고풍스러움과 신뢰감 때문일 것이다. 우리의 도시 역시 과거의 흔적들이 있음으로 인해서 도시의 족보를 갖는 것이며 이것이 도시의 정체성을 만들어 가는 것이다.

그러나 제주의 도시는 깊이가 없다. 인문사회적 관점과 삶을 디자인하는 관점이 아니라 토목엔지니어링의 관점에서 다루고 있다. 게다가 시민들 역시 개발에 대한 보상을 기대하는데 큰 관심을 두고 있을 뿐이다. 이런 도시는 지속성이 없거니와 미래의 발전가능성도 없다. 사람들은 추억을 먹고 살아간다. 그 추억은 과거의 흔적 속에 존재하는 것이다. 그런 곳에서는 지역주민들의 오랜 정주환경이 만들어 질 수밖에 없고 지역사회도 건전할 수밖에 없다. 그러한 도시에는 과거의 흔적을 철거하고 새로운 것을 어떻게 만드는가에 대한 고민보다는 과거의 흔적들과 어떻게 조화롭게 만들 것인가에 더욱 비중을 두고 있다.

제주의 도시에는 여전히 과거의 흔적들이 남아 있다. 이제부터라도 과거의 흔적을 어떻게 도시계획 속에 남겨 둘 것인가 자기성찰의 도시계획이 필요한 시기이다.

일명 5.16도로로 불리우는 1112로 도로 주변에 남아있는 옛길의 흔적.
제주의 도시와 마을 곳곳에는 여전히 옛길과 옛터가 남아 있어 보존이 필요하다.

건축물, 신축만이 능사는 아니다   03

　　제주 농촌마을을 방문할 때 마다 의아스럽기도 하고 안타깝게 느끼는 점이 많다. 농촌마을 곳곳에 만들어진 자연풍경과 어울리지 않는 넓은 도로와 마을회관 시설물 때문이다. 평화롭고 여유로운 농촌과는 전혀 어울리지 않은 도로는 마을초입에서부터 농촌마을의 풍경이미지를 훼손시킬 뿐만 아니라 안전사고의 위험성이 더욱 높아지게 되었다. 실제 제주 교통사고의 많은 부분이 교외지역에서 발생하고 있다는 점이 이를 증명하는 것이기도 하다. 도시와 농촌의 엄연히 장소가 다르고 생산방식이 다르고 생활환경이 다르기 때문에 지역조건에 맞게 도로가 조성되어야 하는 것이다.

　　특히 문제가 심각한 부분은 공공시설물들이다. 거의 대부분 농촌마을에는 마을회관뿐만 아니라 마을에 따라서는 노인회관 등 다른 용도의 회관이 건립되어 있는 곳이 많다. 그러나 이들 회관의 적지 않은 시설들이 회의 혹은 마을의 경조사 이외에는 적절한 이용프로그램 없어 활용률이 떨어지고 있음에도 불구하고 각종 운동장비와 고급 전자제품들로 가득채워지고 있고 심지어는 음식점이나 판매점 등으로 전용(轉用)되어 본래의 목적과는 전혀 다르게 이용되고 있는 예산낭비의 전형이 아닐 수 없다. 한편에서는 여전히 농촌지역에는 끊임없이 시설이 부족하다는 명목으로 새로운 시설물 건립에 많은 관심을 갖고 있고 마을만들기사업에서도 시설물 건립에 많은 비중을 두고 있는 것이 현실이다.

도시지역의 경우도 마찬가지이다. BTL사업 도립미술관과 설문대여성문화센터 등과 같은 시설물도 시민복지와 관련된 시급한 시설물이 아니라는 점에서 서둘러 추진할 필요성이 있었는지 의문스럽기만 하다. 많은 비용을 들여가며 새롭게 건립하기 보다는 침체되어 있는 지역을 중심으로 해당 지역에 있는 기존의 공공시설물을 리모델링하여 효율적으로 활용하는 방안도 충분히 가능하였으리라 생각해 본다. 제주도의 현안이라고 할 수 있는 도시재생의 문제, 지역활성화문제, 공공문화시설의 지역 밀착 등 복합적인 지역현안을 해결하려는 좀 더 거시적인 접근이 부족했다는 점이다. 결과적으로 이들 공공시설물들은 매년 적자를 면치 못할 뿐만 아니라 공공시설물의 활용성에 있어서도 심각한 문제를 안고 운영될 수밖에 없는 구조가 되어 버렸다. 그러나 아무도 책임지는 사람이 없다.

주변을 뒤돌아보면, 어렵게 생활하는 계층이 적지 않다. 지역사회에 필요하지 않은 시설물을 건립하기 보다는 오히려 경제적으로 사회적으로 소외된 사람들의 삶을 지원하고 함께 살아 갈수 있는 환경조성이 시급하다고 할 수 있다. 한편으로는 저출산·고령사회의 문제도 심각해지고 있어서 어르신들의 생활을 지원하고 젊은 여성들이 육아하기 좋은 시설과 환경을 조성해 가는 것 역시 중요한 일이 아닐 수 없다.

지역사회의 활성화는 시설물건립만으로 되는 것이 아니다. 지역사회의 자원, 즉 기존건축물을 효율적이고 적극적으로 활용하고 사람과의 소통이 이루어질 수 있는 프로그램이 접목될 때 가능한 것이다.

따라서 사업구상단계에서부터 통합적인 기획사업이 될수 있도록 조정하는 행정의 노력이 필요하거니와 추진과정에 있어서도 적절한 의사소통이 이루어질수 있는 행정조직 체제가 필요할 것이다. 또한 지역주민들 스스로도 지역여건에 맞는 시설을 어떻게 만들어 갈것인가에 대한 고민의 결과를 바탕으로 행정당국과 진지한 논의를 갖는 자세도 필요한 시기이다. 이것이 바로 마을만들기이자 주민참여인 것이다.

건축은 삶을 담는 공간이자 문화척도이다

04

살아있는 모든 것은 아름답다. 생명력을 갖고 있기 때문이다. 생명력이란 신이 선사한 고귀한 선물이라고 할 수 있다. 그래서 생명체 하나하나가 아름답고 소중한 것이다.

그러나 이 세상에는 살아있는 것만이 아름답다고 하기에는 너무나 아름다운 것들이 많다. 푸른 물감을 풀어놓은 듯한 하늘이 아름답고 이 세상의 모든 슬픔을 안아줄 것 같은 파란 바다도 그러하고 거칠기도 하고 부드러운 풍경을 만들어 내는 산과 지평선의 땅도 아름답기만하다. 그리고 빼놓을 수 없는 또 하나의 아름다움은 건축이 아닐까 생각해본다.

인간은 다양한 생산활동을 담기 위해 건축물을 만들어 왔고 지역과 시대에 따라 다양한 건축물들이 등장했다가 사라져 갔고 일부는 굳건히 남아 있기도 하다. 성장과 쇠퇴, 그리고 소멸이라는 변화를 보면 생명체와 같은 셈이다.

그러나 인간이 필요에 의해 구축한 건축물이기는 하지만 건축물이 생명력을 갖기 위해 인간의 활동을 어떻게 담을 것인가에 대한 적절하고 충분한 검토가 없이 건립된다면 인간의 생활은 적지 않은 영향을 받을 수밖에 없다. 그래서 건축물을 건축할 때는 그 속에 살아가는 사람들의 삶을 다양하게 만들어 갈수 있는 적절하고 충분한 건축적 여지餘地를 남겨두려고 많은 고민을 하게 되는 것이다. 건축적 접근방법은 다양한 물리적 조건의 이해를 바탕으로 살아가는 사람들의 생활까지 고려해야 하는 어려운 작업인것이다. 그래서 부지의 땅의 형상을 존중하고 때로는 외부의 공간을 남겨두기도 하고 때로는 내부공간을 남겨두거나 가변적인 공간으로 계획함으로서 다양성을 존중하려는 건축가가 좋은 건축가이다. 더욱이 이러한 작업을 통해 만들어진 건축은 개성미와 지역의 특성을 반영하게 됨으로서 도시의 정체성을 갖게 되는 것이며 도시민의 삶의 공통된 모습을 표출하게 되는데 그것을 흔히들 문화풍경이라고 한다. 그래서 건축은 이 시대를 살아가는 우리들에게는 삶의 가치와 의미를 부여해주는 중요한 공간이며 도시민의 문화적 수준을 판단할 수 있는 중요한 척도이기도 하고 관광지로서의 가능성을 갖는 장소이기도 하다.

그러나 제주건축의 현실을 살펴보면 삶의 가치와 의미를 찾을 수 있는 공간이라고 하기에는 너무 인색한 편이다. 여유있는 녹지공간도 부족하고 거리와 도로는 혼돈의 공간으로 변해버린 도시속에 건축물은 조화보다는 개별적인 개성미만이 강조된 무표정한 모습들이니 도시의 문화적 수준은 낮고 관광지로서의 매력도 잃어 버렸다. 이제까지 단순히 건축을 비가림의 생활공간으로 생각해 왔다. 먹고 사는 문제로서 경제적 소득을 향상시키는 노력도 중요하지만 사람답게 살아갈수 있는 생활공간을 제공해주는 것, 이것이 시민의 진정한 삶이 담긴 도시의 기반이 되는 것이다. 이제 건축과 건축가에 대한 시민의 인식전환이 필요할 때이다. 도시와 건축행정에서도 적지 않은 노력을 해온 것도 사실이다. 그러나 문제는 정책집행과정에서 각 부서마다 산발적이고 개별적으로 추진되었을 뿐만 아니라 사업의 내용도 세련되고 깊이도 없었다. 가장 큰 문제는 조직과 조직간의 소통문제, 조직과 시민간의 소통문제를 해결하는 것이 중요한 과제라고 생각된다.

예산과 조직 인원의 문제만을 탓하기 보다는 원활한 소통을 통해 풍요롭고 여유있는 삶의 공간이 담긴 도시와 건축을 조성하기 위해 진지하게 고민해야 할 때이다.

교토京都의 도시헌장을 생각해 본다   05

　　20세기초반 근대건축의 거장巨匠 르 꼬르뷔제Le Corvusier가 주장한 도시계획이론의 글로벌 스탠다드화와 그의 도시이론을 성실히 적용한 많은 국가의 도시에서 20세기 후반에 적지 않은 문제가 표면화되기 시작하였다. 그에 대한 반성으로 미국의 뉴어버니즘, 영국의 어번빌리지, 유럽의 컴팩트시티 운동 등 국가와 지역에 따라 다양한 도시계획수법이 시도되고 있다. 이러한 도시운동은 도시의 지속가능성을 전제로 하는 것이다. 이는 국가와 도시의 경쟁력과 직결되며 궁극적으로 도시의 경쟁력은 시민의 삶의 질과 직결되는 문제이기 때문이다.

　　유네스코 세계생물권 보존지역, 세계자연유산, 세계지질공원 지정으로 세계유일의 3관왕을 달성한 제주의 도시는 시민에게 어떠한 생활공간이며 관광객에게 어떠한 매력을 느끼게 하는 도시인가?

　　세계문화유산을 갖고 있는 교토京都의 「걷는 도시·교토」 헌장이 담고 있는 내용은 시민과 행정이 도시를 어떻게 만들어가야 하는지, 도시라는 공간이 시민에게는 무엇인지 시사하는 점이 크다. 2009년 1월 교토시는 「걷는 도시·교토」 헌장을 제정하여 관련 프로젝트를 실천하고 있다. 도시헌장의 기본 취지는 사람과 공공교통 우선의 "걸어서 즐거운 도시"의 실현을 목표로 공공교통을 이용하여 많은 사람들이 지역에 모여들어 활기가 넘치는 지속가능한 도시를 만들려는 것이다. 여러 가지 문제를 야기 시키고 있는 자동차가 아니라 걷는 사람이 있기 때문에 도시는 활기가 있는 것이고 그 도시 혹은 지역의 상업에도 활력으로 이어져 사람과 사람의 다양한 교류가 발생하는 것이다. 궁극적으로 걷는 것을 중심으로 하는 생활이야말로 건강과 환경, 그리고 교토의 도시에 있어서 바람직한 결과를 가져다 줄 수 있다는 구상이다. 도시헌장은 시민의 역할과 행정의 역할을 정하여 함께 노력하려는 3가지 큰 목표를 제시하고 있다.

첫째, 시민들은 건강하고 사람과 환경에 긍정적인 걸어서 즐기는 생활을 중시하며
둘째, 시민과 행정은 누구라도 걸어서 외출하고 싶은 도로공간과 공공교통을 정비하여 활기찬 도시를 창출하고
셋째, 교토를 방문하는 모든 사람들이 걸어서 매력을 만킥할 수 있게 하는 것이다.
시민의 참여와 행정과의 협력, 에너지소모의 감소와 친환경성, 안전과 건강, 사회적 약자의 배려, 지역의 활력. 매력적인 관광환경 등 도시의 제반 문제들을 아우르는 의지가 담겨있다.

제주의 도시를 걸어서 즐거운 도시로 만들 수 없는 것인가? 국제자유도시, 생태도시, 녹색도시, 안전도시, 창조도시, 기후변화 대응시범도시, 대한민국 대표 관광도시를 끊임없이 외치고 있고 구도심의 재생과 지역불균형, 환경과 경관훼손문제에 직면해 있지만 진정 추구하는 목표가 무엇인지 무엇을 어떻게 실천할 것인지 전략은 있는지 의문스럽기만 하다. 게다가 관련된 사업들은 각각 담당국과 부서에 따라 독자적으로 관련정책을 집행하고 있는 것이 대부분이며 지사와 국장, 담당자가 바뀌면 추진되는 사업마저 추진력을 상실하는 현실 속에 지속가능한 도시의 성장은 존재할 수 없다.

이상理想적인 이야기라고 받아넘기기 보다는 실천이 중요한 것이다. 세계유수의 환경을 자랑하는 제주의 도시에 걸 맞는 도시와 건축정책, 도시디자인수법으로 생활환경을 만들어 가는 것, 매력있는 관광지를 조성하는 것, 이것이야 말로 진정 도민을 위한 정책이며 도시의 경쟁력을 갖는 것이 아니겠는가!

그린웨이와 올레 길 06

　　제주 지역 곳곳에 상당한 도로망이 구축되었고, 또 앞으로 도로를 건설하려는 계획을 세우고 있다. 그러나 도로에는 자동차만 존재할 뿐 안전하게 걷는 사람이 없거니와 자전거를 타고 여유롭게 제주의 아름다운 풍광, 지역 사람들의 인심을 느낄 여유조차 없다. 이제 도로는 사람의 품으로 되돌아가야 할 시기이다. 명칭 역시「도로」라고 하기 보다는「길」이라고 부르는 것이 더욱 다정하고 맛깔스러운 것 같다. 사전적 의미로서 길은 이동수단이 통행하는 곳, 그리고 도로 역시 통행하는 길의 의미이기는 하지만, 길이 갖는 의미는 사람을 중심으로 이루어지는 통행의 의미라고 할 수 있기 때문이다.

　　제주도 차원에서 신성장 동력으로 저탄소운동과 연계하여 녹색산업육성을 강력히 추진하겠다고 선언하였다. 그렇다면 당연히 자동차 도로보다는 자전거 길, 걷는 길을 정비하려는 정책, 고효율적인 건축물을 만들기 위한 정책 등이 우선 순위가 되어야 할 것이고, 이러한 시설물이 도민들의 생활공간에 깊숙이 자리 잡도록 세심한 도로계획이 추진되어야 할 것이다.

　　이와 관련하여 적절한 방안중의 하나가 그린웨이Green Way이다. 그린웨이는 도로 건설로 인하여 차단된 동물들의 이동통로를 만들기 위해 시작된 개념이지만 이제는

일본 동경 시내에 있는 도로와 녹지공간으로
조성된 보행자 전용 길

사람을 위한 생태도로의 개념으로 확대 적용되고 있는 개념이다. 특히 제주의 경우 무분별한 하천정비로 인한 재해의 경험이 있었기에 도로와 하천을 묶어 생태공간을 정비할 필요성이 높은 점을 고려하여 주요 간선도로를 중심으로 녹지축을 형성하면서 하천변 개발과 정비보다는 하천변에 녹지 공간을 조성하여 동서남북으로 녹지공간을 연결하고 점点적인 형태로 지역 곳곳에 조성되어 있는 크고 작은 공원을 선線적인 형태로 네트워크화하고 보행로와 자전거 전용로가 병행된 녹지축의 조성사업과 연계하는 방안은 상당히 의미있는 사업이라고 할 수 있다.

그러나 도의회에서 그린웨이 예산심의과정에서 하천정비라는 이유와 올레 길 조성이 적절하지 못하든 몇 가지 이유로 삭감되었다. 그린웨이에 대한 이해가 부족한 탓이라 생각된다. 그린웨이는 자연 하천 기능을 유지하면서, 적절한 공원 확보, 그리고 빗물의 활용 등을 통한 예방적 재해대응차원의 생태도시계획과 관련된 개념이다. 반면 올레 길은 토목중심의 개발에 의한 환경훼손, 관광지화를 통한 지역이해보다는 자연과 인간의 공존과 삶을 새롭게 생각하고자 하는 개념에서 시작된 것으로 제주의 숨겨진 아름다움을 느낄 수 있도록 최소한의 노력으로 최대한의 자연을 유지하기 위한 실천방안이라고 할 수 있다. 최근 주변 여러 곳에 만들어 지는 모든 길을 올레길이라는 부르기 앞서 올레 길 개척의 이념과 정신을 어떠한 방식으로 실천할 것인가에 대한 진지한 고민이 필요한 것이다. 그린웨이에 있어서도 올레 길의 개척정신을 어떻게 적용해 나갈 것인가 실천방안이 중요하다고 생각된다.

캐나다 밴쿠버의 그린웨이

집 대문에서 마을길까지 이어지는 아주 좁은 골목을 뜻하는 제주어인 「올레」는 이제 제주의 바다와 오름, 돌담, 문화를 넉넉하게 품은 이 길은 제주의 속살을 온몸으로 체험하며 걷는길이자, 평화와 치유의 길로 인식하기 시작하였다.

행정기관이 조성하고 있는 도로를 자연과의 공존, 그리고 사람들의 품으로 되돌리기 위한 정신과 원칙을 올레 길에서 찾아 할 것이고 또한 시범적으로 그린웨이 사업을 통해 실천해 나가는 것도 적절한 방법이리라 생각해 본다.

07 제주시민회관은 문화재인가!

안전상의 문제로 제주시민회관 철거가 논의된 적이 있었다. 철거후 빈터에는 시민을 위한 녹지공간을 조성한다는 대안까지 제시되기도 하였다. 노후화된 건축물들이 밀집되어 있고 적절한 녹지공간마저 없는 삭막한 환경이었던 지역여건을 고려한다면 녹지공원의 형태로 시민들에게 되돌려 준다는 점에서 바람직한 결정이라고 생각된다. 특히 인접하여 제주 성지城址가 있고 뒷길을 따라 산지천으로 이어지고, 또한 화랑과 표구가게들이 밀집되어 있는 거리와 삼성혈로 이어지는 도시공간의 흐름을 생각한다면 단순히 시민을 위한 녹지공간으로서의 가치뿐만 아니라 역사의 숨결이 녹아 스며든 문화의 공간으로 거듭난다는 점에서 의미있는 정책적 결정이라고 생각된다.

제주시민회관은 말 그대로 시민을 위한 회관이었기에 제주시민들이 각종 행사를 통해 즐겨 찾았던 대표적인 지역 문화공간이었고 또한 대표적인 공공시설물중의 하나였다. 그러나 이러한 공공적 가치뿐만 아니라 제주시민회관이 갖는 또 다른 가치는 건립될 당시의 건축물로서의 가치이다. 1964년에 건립된 제주시민회관은 제주도 최초로 철골구조로 지어진 공공건축물이다. 요즈음 철골조는 흔하게 건축되어지는 일반적인 건축구조물이기는 하지만 45년전 벽돌과 변변찮은 콘크리트 재료로 건축하여야 했던 당시의 건축예산과 기술을 고려한다면 혁신적인 건축기술로 지어진 공공건축

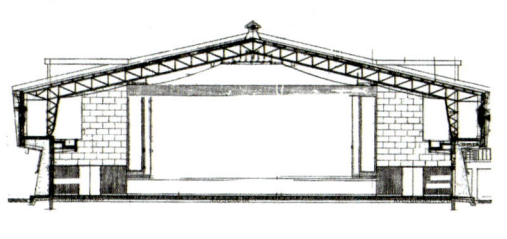
주단면도

전경

물로 평가할 수 있다. 지붕의 주요 부분을 철골트러스로 처리하여 무대와 객석부분, 경기장부분이 요구하는 넓은 공간을 확보할 수 있도록 하였다. 공간구성에 있어서도 제주시민회관의 평면형식이 무대와 객석, 그리고 중앙에 경기장으로 구성되어 있는 것으로 보아 다목적 기능을 가진 문화시설로 계획되었던 것으로 추측된다. 다양한 문화시설을 건립할 여유가 없었던 당시의 상황으로서는 다목적 공간으로 계획하여 공간 사용의 극대화를 꾀하려 했음을 충분히 짐작할 수 있는 부분이다. 특히 형태구성에 있어서도 경사지붕으로 처리된 주요부분과는 달리 건축물의 전면前面 부분은 대칭적인 강한 이미지의 단순한 평지붕 파사드를 하고 있고 사무실 공간으로 계획된 점도 특이한 부분이다.

이런 점에서 제주시민회관은 그저 낡고 볼품없는 건축물이 아니라 당시 최고기술에 의해 구축된 건축물이며 제주건축 역사의 한 부분을 차지하는 중요한 역사적 가치는 갖는 대표적인 공공문화시설이다.

건축물은 마치 생명체와 같다. 탄생하고 건축되고 성장하고 잘 활용되고, 쇠퇴, 소멸하는 철거되는 할 수밖에 없는 속성을 갖고 있는 것이다. 그래서 선진국들은 문화재적 가치를 갖는 건조물들을 적극적으로 보존하고 활용하려하며 그런 노력들로 인해 유럽의 도시들은 고풍스럽고 문화적 깊이를 느낄 수 있는 것이다.

제6장 삶과 추억, 기억의 공간 209

제주시민회관 역시 그 생명력이 소진되어 철거되어질 것이다. 그러나 제주시민회관은 건축적으로도 사회적 기능으로도 아주 의미있는 근대건조물의 문화재적 가치를 갖는 건축물이었기에 철거된다는 것이 상당히 아쉽기만 한 것이다.

우리가 집안의 전통을 중요시 하듯이 도시 역시 전통이 있어야 하는 법이다. 자본주의 상징인 마천루와 같은 초현대적인 건축물만으로 가득한 도시는 삶의 넉넉한 도시공간이 될 수 없거니와 역사와 문화적 깊이를 느낄 수도 없다. 도시의 일상적인 생활공간 곳곳에 과거와 현대의 흔적들이 혼재되어 있으면서도 적절히 조화되어 있을 때 도시공간의 역사성과 문화성은 더욱 빛나는 것이며 시민들의 삶의 질도 높아지는 법이다. 그리고 이런 도시가 매력적인 관광도시인 것이다.

철거하여 녹지공원으로 조성하더라도 철골 트러스의 한 부분만이라도 상징적으로 남겨두어 역사적 흔적을 남겨두는 문화적 공원사업이 되었으면 한다. 그곳을 찾는 시민들이 제주시민회관이 건축되었던 부지였고 그 당시의 건축기술이 어떠했는가를 느낄 수 있는 작은 건축역사 공원이자 동시에 휴식공간으로서 자리 매김 될 수 있기 때문이다. 물론 해당 행정부서의 어려움이야 적지는 않으리라 생각되지만 근대건축물을 존중하고 배려하는 차원에서 이런 고민을 좀 더 깊이 해주기를 기대해 본다.

제주 어업문화의 상징, 등명대燈明臺의 보존과 활용

08

　제주도는 매력적인 섬이다. 제주의 신화속에 등장하는 설문대 할망이 바다 가운데에 치마폭으로 흙을 날라 한라산을 만들었고 산이 너무 높아 봉우리를 꺾어 던지니 산방산이 만들어졌고 흙을 나르는 과정에 치마에서 떨어진 흙부스러기들은 360여개의 오름이 만들어지게 되었다. 그러나 바다위에 외롭게 자리잡은 제주도는 육지에 대한 갈망이 컸고 설문대 할망은 제주 백성들에게 명주 100동1동은 50필으로 속옷을 한 벌 만들어 주면 육지까지 다리를 놓아주겠다고 약속했지만 백성들이 명주를 99동밖에 모으지 못해 속옷을 지어주지 못하게 되자 설문대 할망은 다리를 놓다가 중단해 제주는 섬이 되었다고 한다. 겨우 1동이 모자라 육지로 이어지지 못한 아쉬움과 미련은 제주의 한계로 인식될수 있지만 궁극적으로는 섬으로서의 의미와 가치가 역설적으로 강조되는 것이라 생각된다.

　섬으로 남게된 제주도는 자연스럽게 육지와 교역을 활발히 할 수밖에 없을 것이고 삼국시대부터 해양교역이 이루어져 왔고 특히 고려시대에는 삼별초군이 제주에 들어왔고 일본을 징벌하기 위해 고려와 몽고 연합군이 제주를 기점으로 하였다는 사실史實등을 고려하면 거센 제주의 바다를 다스릴 수 있는 조선造船과 항해航海의 기술이 자연스럽게 전파되었을 것이고 이러한 해양기술은 어업분야에도 응용되어 상당히 발달했을 것이다.

그러나 조선시대 이조와 순조까지 약2세기 1629~1830에 걸쳐 제주에 내려진 '도민출육금지령島民出陸禁止令'은 인적교류와 문화의 단절을 초래하였고 어업문화에 있어서도 결정적인 영향을 주었을 것이다. 육지로의 탈출을 막기 위해 튼튼한 고깃배들을 제작하지 못하게 하거나 멀리 고기잡이 활동도 하지 못하게 하는 등의 규제는 결과적으로 삼나무를 통째로 잘라 엮어 제작한 '테우'가 보여주듯이 조선造船 기술의 쇠퇴를 가속화시켰을 뿐만 아니라 근해어업 중심으로 어업활동의 영역도 크게 축소될 수밖에 없을 것이다.

그러나 넓은 바다위에 떠있는 섬, 제주에는 바다와 관련된 이야기들이 많다. 강인한 제주여성들의 삶의 모습을 보여주는 해녀이야기, 한라산과 바다를 이어주는 아름다운 포구이야기, 지형적인 조건을 이용하여 고기를 잡았던 원 이야기 등 수없이 많다. 그중에서도 빼어놓을 수 없는 것이 등대에 대한 이야기이다.

일제강점기에 들어 원활한 물자수송을 위해 포구확장 등이 이루어지면서 해양교역과 어업도 변화되기 시작하였다. 그중에서도 빼어놓을 수 없는 것이 등대에 대한 이야기이다. 제주에서 건축된 등대로는 우리나라에서 여섯번째로 건축된 우도등대 1906년, 마라도등대 1915년, 산지등대 1916년 등이 있다. 이들 등대는 아마도 일제 강점기 당시 침탈한 물자와 사람들이 안전하게 항해할 수 있도록 하기 위해 건축된 제국주의 유산물이라고도 할 수 있을 것이다. 그러나 오랜 세월이 지나면서 이들 등대는 등대 고유의 기능뿐만 아니라 지역의 역사적 문화적 상징물로 자리매김하고 있다.

먼 바다까지 강렬한 빛을 보내야만 했던 것이 관청이 주도하여 건축하였던 현대식 등대였다면, 근해를 중심으로 어업활동을 하였던 제주어촌마을의 주민들이 필요에 의해 자발적으로 건축하고 자체적으로 관리하였던 것이 바로 도대불 혹은 등명대燈明臺 등으로 부르는 등대이다. 제주의 등명대는 제주에만 존재하는 독특한 민간등대이며 제주 어업문화의 발달사에 있어서 중요한 의미를 갖는 건조물로서 문화재적 가치 또한 크다고 할수 있는 몇 안되는 근대와 현대로의 전환기에 남겨진 문화재이다.

대표적인 등명대간 고산리 등명돼와 북촌리 등명대를 들수 있다. 세련미를 가진 고산리 등명대는 고산리 자구내포구에 살았던 주민들의 증언과 고산향토지高山鄕土誌에 따르면 일제강점기 당시 중일中日전쟁1937년~1941년이 끝날 무렵 고산-목포를 오가던 목포화물선이 밤에 안전하게 입항하도록 하기 위해 축조되었는데 당시 자구내포구 축조공사를 맡았던 일본인 석공이 축조하였다고 전하고 있다.

일본인 석공의 도움을 받아 축조되었기에 다소 일본의 근대식 등대와 형태적 유사성을 갖고 있기는 하지만 우리나라 전국 포구에서는 찾아볼 수 없고 제주의 포구에만 존재한다는 점을 고려하여 볼 때 일본의 근대식 등대를 모방하여 건축하였다는 점은 설득력이 떨어진다고 생각된다. 즉 일본의 근대식 등대와 유사한 형태를 취하고 있으나 가공하여 잘 다듬어진 석조를 쌓았던 일본의 근대식 등대의 축조법과는 다르게 거친 자연석을 약간 다듬어 성층成層쌓기로 축조하였다는 점, 그리고 일본의 근대식 등대의 경우, 본체의 아랫부분은 넓고 위쪽으로 갈수록 좁아져 다소 과장된 형태를 하고 있는 반면 고산리의 등명대는 완만한 곡선미로 조성되었다는 점, 그리고 가로와 세로의 폭과 높이, 비례감 등에 있어서도 일본의 근대식 등대와는 확연하게 다르다는 점 등을 차이점으로 들 수 있다.

따라서 고산리 등명대는 현존하는 등명대중에서 가장 온전한 형태로 남아 있어 가치가 있을 뿐만 아니라 형태적으로도 가로와 세로의 비례감이 뛰어난 조형미를 평가할수 있다. 구조물의 기본구성은 가로세로 1.8m의 기단基壇과 높이 2.8m의 본체, 가로세로 0.4m 크기의 점화부분으로 구성되어 있는데 특히 본체의 완만한 곡선미는 고산리 등명대에서만 느낄 수 있는 독특한 아름다움이라 할 수 있다.

또한 당초 자연석 성층쌓기로 축조되었으나 이후에 보수과정에서 자연석 사이사이를 흰색 시멘트로 마감하게 되면서 제주석의 검은색과 시멘트의 흰색이 묘한 조화를 이루게 되면서 독특한 의장意匠을 하고 있다. 그리고 정면 중앙에 설치되었던 도대불이라는 희미한 글씨가 새겨진 판석들은 후대에 보수과정에 설치되었던 것으로 추정되며 다른 등명대와 달리 점화부분으로 올라가는 계단이 없는 구조여서 사다리를 타고 점화를 하였다고 전해진다.

고산리 등명대는 고산리 해안마을 사람들의 애환을 외롭게 지켜보며 자리를 지켜왔고 자구내 포구의 발달과 함께 역사적 상징물로 남게 될 우리의 어업문화유산임에는 틀림없다.

연대를 닮은 북촌리 등명대는 북촌의 등명대는 복촌리 포구 서측의 구짓머루 동산 위에 축조되어 있다. 이러한 점 때문에 오랜 세월이 흘렀음에도 포구확장에 따라 철거되거나 원형이 훼손되는 위험에서 비교적 자유로웠고 현재까지도 북촌리 등명대는 거의 원형을 유지하고 있는 몇 되지 않는 등명대라는 점에서 가치를 평가할 수 있다.

북촌리 등명대는 연대의 형태와 매우 유사하다고 할 수 있는데 규모는 정면을 기준으로 하부의 경우 가로 215cm~221cm, 세로 238cm~246cm이며 상부는 가로 190cm, 세로 190cm~210cm이고 높이는 260cm로 하부와 상부의 가로, 세로의 크기가 제각각 다르지만 이러한 점이 오히려 독특한 형태적 아름다움을 갖게 하는 점이라 할 수 있다. 즉 지난번 소개되었던 고산리 등명대가 가로와 세로의 폭에 비해 높이가 긴 비교적 규형잡힌 장방형의 형태적 아름다움을 갖는 반면 북촌리 등명대는 상부와 하부의 가로와 세로의 길이가 다르고 또한 가로와 세로의 폭에 비해 높이가 약간 높은 정도로 축조되어 정방형의 형태를 가지면서도 상부로 갈수록 좁아지는 축조하였던 사람들의 손맛이 그대로 묻어나는 아주 독특한 형태적 아름다움을 갖는다는 점이 특이하다.

중앙 상부로 올라 갈 수 있도록 계단이 설치되어 있으며 등명대 꼭대기에는 당초 목대木臺가 설치되어 사용되었지만 1949년 4·3사건때 소실되었다고 전해진다. 이후에는 유리상자를 사용하여 카바이트를 사용하는 등 시대의 변화에 따라 불을 밝혔던 상부구조의 형태와 사용연료도 변화되었던 것으로 보인다. 등명대 꼭대기에는 아직

고산리 등명대

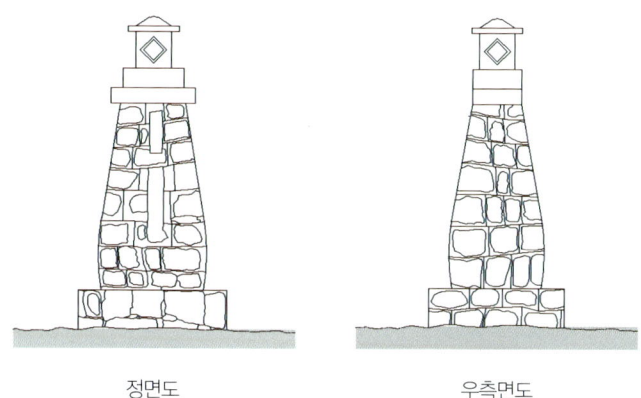

정면도   우측면도

북촌리 등명대

정면도   우측면도

도 당시 불을 밝히기 위해 세워두었던 목대와 유리상자 등의 구조물을 설치하였던 흔적이 남아 있다. 마을에 전기가 들어왔던 1973년까지 사용되었던 북촌리 등명대는 바닷가로 출항하였던 어부들에게 안전귀항과 만선의 희망을 전달해주었던 민간등대로서 중요한 기능을 하였으며 북촌리 어촌마을의 발달과 함께 어촌마을의 생활을 보여주는 귀중한 어업문화유산이다.

특히 북촌리 등명대는 형태적 아름다움뿐만 아니라 축조시기와 명칭을 파악할 수 있다는 점에서 귀중한 의미를 갖고 있어서 등명대 연구에 있어서 귀중한 자료라 평가할 수 있다. 북촌리 등명대 상부에 작은 건립비가 세워져 있는데 「御卽ㅁㅁㅁㅁ 燈明臺 大正四年十貳建」로 표기되어 있어서 축조시기가 1915년 12월임을 알 수 있다. 일제강점기 초기에 세워진 것으로 생각된다. 그런데 제주문화원 「제주문화」 18호 2012년 12월에 게재된 '등명대, 그 첫불씨를 찾아'에 따르면 도두동과 삼양동에서 등명대 건립비가 발견된 것으로 보아 도두동과 삼양동에도 등명대가 세워졌던 것으로 추측된다. 북촌리 등명대 건립비 내용과 도두동, 삼양동의 건립비 내용들을 비교하여 정리하면 두 가지 공통점, 즉 등명대라는 명칭을 사용하고 있다는 점과 12월에 축조되었다는 점을 들 수 있다. 또한 「御卽ㅁㅁㅁ燈明臺 大正四年十貳建」는 「御卽ㅁ記念 燈明臺 大正四年十貳建」라 수정되어야 할 부분이며 누군가가 축조를 기념하여 세웠던 것으로 추측된다. 그리고 이러한 몇 가지 공통점으로 볼 때 북촌리, 도두동, 삼양동 등명대는 거의 동일한 시기에 축조되었을 가능성이 높고 그 형태도 유사한 형태가 아니었을까 추측이 되며 이에 대한 의문점이 남는다. 특히 누가 축조하였으며 도두동과 삼양동의 등명대의 위치와 사라진 시기와 배경, 등명대의 용어 등 의문점에 대해서도 보다 깊이 있는 조사연구를 통해 밝혀야 할 새로운 숙제로 남아 있다.

그러나 우리들의 무관심속에서 1990년대에 18기였던 등명대가 지금은 10여기 밖에 남아 있지 않다. 포구를 현대화한다는 이유로 해안도로를 개설한다는 이유로 혹은 별다른 문화적 가치가 없다고 철거해버리는 무지함에서 일어나는 일들인 것이다.

북촌리 등명대 상부에 세워진 비석(왼쪽)과
도두동 사무소 화단에 보관되어 있는 비석(오른쪽)

21세기는 문화의 시대이다. 문화적 가치는 역사적 배경이 있을 때 더욱 빛나는 것이며 의미가 깊은 것이다. 등명대는 어촌마을사람들이 정성스럽게 돌 하나하나를 쌓았던 혼(魂)이 담긴 것이며 오랜 세월이 지난 지금「빛을 통한 소통의 유적」으로서 문화재의 가치는 충분히 갖고 있다.

특히 문화재 지정을 통한 보존뿐만 아니라 적극적인 활용을 통해 등명대에 새로운 생명력을 불어넣는 것도 필요할 것이다. 예를 들면 현재 남아있는 등명대를 중심으로 같은 날 같은 시간에 점등행사를 통해 마을 전체를 공동축제로 추진할 수도 있을 것이고 현존하는 등명대가 있는 마을을 중심으로 하여 등명대에 불을 넣고 근해 조업을 재현하는 어업축제를 한다든지, 등명대 주변을 중심으로 지역주민들이 주체가 되어 작은 마을 야시장을 개설 한다든지, 어촌마을의 자원과 연계하여 스토리텔링을 만들어 보는 등 여러 가지 구상을 해 볼 수 있을 것이다.

살아 있는 문화자원을 현대에도 이용하는 지혜가 필요한 것이다. 문제는 우리들이 어떻게 실천하는 가에 달려있다.

보목동

두모리

두모리

우도

대포동

제7장

제주도시건축의 미래

01 / 두바이의 몰락과 제주의 미래

몇 년 전부터 두바이는 우리들에게 개발성장의 훌륭한 모델로 받아들여졌다. 이명박 전대통령뿐만 아니라 제주도지사를 비롯하여 제주도청의 많은 고급공무원들이 방문하며 열심히 벤치마킹하였던 국가였다.

그런데 수년전 언론을 통해 아일랜드와 같이 두바이 정부의 디폴트 위기가 고조되고 있다는 소식이 전해진 적이 있다. 꿈의 낙원이라 불리며 석유가 고갈되면 나라를 먹여 살릴 것이라고 생각하여 야심차게 추진했던 관광업, 무역업이 몰락하고 있다는 내용이었다. 두바이는 2000년대 이후 급속 성장을 했는데 원유 값이 150달러까지 올라가면서 두바이는 막대한 부富를 축적하게 되었고 이를 개발에 재투자하여 큰 관광수익과 부동산 수익을 올렸다. 두바이 발전의 원동력은 막대하게 벌어들인 오일달러의 힘과 부동산개발이었다고 할 수 있다.

그러나 세계 경제가 침체되자 관광수요도 침체하고 부동산 수익도 침체하게 되었고 관광업과 무역업이 동시에 몰락하는 사태에 이르게 된 것이다. 두바이의 발전은 일종의 개발착시 현상에 불과하였던 것이다. 물론 여기에는 세계경제의 침체가 가장 큰 원인일수 있겠으나 자세히 들여다보면 근본적인 문제를 안고 있음을 알 수 있다.

오늘날의 두바이 몰락의 원인을 크게 2가지로 정리할 수 있다.

첫째는, 국가발전 전략의 부재이다. 두바이의 정확한 현실파악을 통해 세계화의 흐름 속에서 산업구조재편과 소득창출을 위해 어떻게 차별화 전략을 추진시키며 성장할 것인가에 대한 장기적인 안목의 발전전략이 없었다는 점이다. 보다 고부가가치 산업구조재편을 위한 사업투자, 그리고 철저히 주민 삶의 환경 개선에 초점을 둔 도시건축 개발사업과 이를 기반으로 하는 연계관광사업 등에 투자를 했다면 이런 사태는 되지 않았을 것이다.

둘째, 개발방식의 문제이다. 두바이 개발방식의 원칙은 세계최대, 세계최고의 건축물과 도시건설이었다. 막대한 오일달러를 이용하여 세계최대, 세계최고의 도시와 건축을 만들기 위해서는 세계최대 규모와 세계최대 높이의 인공구조물을 랜드마크로서 기하학적인 형태로 건설하는 것이었고 이를 관광사업과 부동산개발과 연계하여 국가의 성장을 주도하려 했던 것이다.

관광이든 부동산의 개발이든 경쟁력을 갖기 위해서는 지역의 정체성을 확보하는 것이 가장 중요하다. 지역의 정체성이란 지역의 환경자원과 전통적 가치를 가진 문화나 구조물을 보존하고 이를 유지함으로서 지역주민들의 삶과 자긍심을 갖게 하는 것이다. 세계유명도시가 두바이식 개발로 된 곳이 없듯이 정체성이 있는 지역일수록 부동산 가치와 투자의 매력이 크며 관광객들이 자연스럽게 몰려들기 마련이다.

지금 제주의 도시건축 개발사업이나 관광투자개발의 현실을 둘러보면 두바이와 유사점 적지않다. 주변의 뜻있는 많은 분들이 걱정하는 이유도 여기에 있는 것이다. 두바이식 개발방식과 거대 구조물들을 발전의 상징이자 기념비적인 랜드마크라고 생각하며 개발모델로 생각해 왔던 제주특별자치도는 두바이의 몰락을 지켜보며 무엇을 배울 것인가 새로운 교훈을 얻어야 한다.

특히, 최근 중국자본의 급속한 유입으로 인해 부동산투기와 난개발로 이어지지 않을까 도내외적으로 우려의 목소리가 높아지고 있는 현실을 고려할때 더욱 신중하게 접근할 필요가 있을 것이다.

제주도와 제주특별자치도개발센터JDC가 심혈을 기울이고 있는 7대선도 프로젝트와 관광지구의 투자유치를 통한 개발방식이 지역의 정체성을 담보할 수 있는 것인지, 그리고 개발의 원칙이 있는 것인지 신중한 검토가 필요할 시기이다.

아울러 국제자유도시를 지향하는 하는 제주특별자치도의 장기적인 발전전략의 철학적 이념이 지역의 정체성을 반영할 수 있는 것인지, 그리고 가속화되는 세계화의 물결 속에서 시대의 요구에 대응할 수 있는 공무원의 인식과 조직인지 장기적인 안목에서 고민할 필요가 있을 것이다.

세계7대경관 이후 무엇을 해야 하는가! 02

　　제주도는 세계7대경관으로 선정으로 세계생물권 보존지역지정, 세계자연유산 등재, 세계지질공원 인증의 유네스코 자연과학분야 3관왕 달성과 함께 경이로운 자연경관을 갖는 지역으로 재평가 될 것임에는 의심의 여지가 없다. 문제는 유네스코 3관왕과 세계7대경관 선정 이후 명확한 제주도의 발전전략과 연계된 후속조치가 뒤따라야 한다는 점이다. 목표달성에만 흡족해 한다면 제주사회에서 논란이 되었던 세계7대경관 참여의 당위성에 대한 비판의 목소리가 커질 수밖에 없을 것이다. 오랫동안 세계7대경관 투표에 제주도 행정당국과 시민의 모든 에너지를 쏟아 부었기 때문에 더욱더 목표달성의 가치를 극대화해야하는 것이다.

　　이제 제주도가 추진해야 할 후속조치가 무엇인지를 고민하고 제시하여야 할 때가 아닌가생각된다. 왜냐하면 유네스코 자연과학분야 3관왕 달성이나 세계7대경관 선정은 유형적, 물질적 가치에 대한 평가에 많은 비중을 둔 것이라면 이를 보완하는 차원에서 무형적, 비물질적 가치의 자원을 발굴하고 상호 보완하는 것이 진정한 제주도의 가치를 빛나게 하는 것이라 생각된다. 이것이야 말로 진정한 제주도의 정체성을 갖는 지름길이라 할 수 있지 않겠는가!

제주도의 정체성을 갖게 하는 핵심적인 주제는 문화이다. 문화는 자연환경의 기반위에 오랜 생활을 영위하는 과정 속에 축척되어 구축된 가치이며 이는 직접적 혹은 간접적으로 땅과 밀접한 관계성을 가지며 창출되는 것이라 할 수 있다. 제주도에는 1만 8천여의 신들이 존재하고 있고, 지역 곳곳에는 신이 좌정해 있다고 생각하는 340여개의 신당神堂이 있다. 제주사람들에게 바다는 삶의 무대이자 무한한 존재의 대상이었으며 바다와 관련된 문화가 많다. 바람의 신인 영등신을 맞이하여 풍어를 기원하고 해상안전과 해녀들의 채취물인 소라·전복·미역 등의 풍성을 기원하는 영등굿이 있고 이외에도 가치있는 다양한 굿도 있다. 특히, 제주큰굿은 제주사람들의 삶의 모습과 정신을 엿 볼수 있었으며 이러한 유형적, 비물질적 문화자원이 제주를 더욱 특별한 섬으로 보이게 하는 것이다. 제주큰굿, 그 자체도 상당한 의미가 있을 뿐만 아니라 아주 먼 훗날 후손들을 위한 영상기록화는 새로운 문화자원의 활용이자 문화의 전승이라 생각된다.

유네스코 자연과학분야 3관왕 달성과 세계7대경관 선정 이후, 관광과 연계한 후속조치의 필요성을 거론하는 사람들이 많다. 그러나 21세기의 화두는 정신적 가치의 문화이다. 특별한 문화를 가진 제주도의 정체성 확보자원에서 무형적, 비물질적 문화에 더욱 많은 관심을 가져야 할때이고 또한 활성화와 기록화를 위한 정책적 노력과 지원이 중요하다고 생각된다. 이것이 특별한 자치도이고 국제자유도시로서의 새로운 경쟁력을 갖는 것이 아니겠는가!

03 제주특별자치도 개발센터 JDC는 제주도를 위해 무엇을 해야 하나!

제주특별자치도 개발센터 JDC는 2002년 설립이후, 제주도濟州道의 협력적 관계를 통해 영어도시 등 제주개발의 핵심적인 사업들을 주도적으로 이끌어 왔고 개발사업을 통해 지역경제에도 긍정적인 영향을 주고 있다는 점은 아무도 부인할 수 없을 것이다. 그러나 한편으로는 JDC는 국제자유도시의 성공적인 추진을 위한 기관이지만 도민과 관광객의 기억속에는 면세점사업이 조직 이미지로 강하게 남아있다. 핵심사업의 성공적인 추진을 위해 재원확보의 필요성을 충분히 이해할 수 있겠으나 이제는 도민의 삶의 질과 연계된 국제자유도시의 완성에 초점을 두고 핵심 개발사업의 조정과 보완, 그리고 장기적인 개발사업의 기획에 집중되어야 할 것이다. 왜냐하면 JDC의 핵심기능은 생산적, 발전적 개발이기 때문이다.

JDC의 작은 변화가 제주도와 도민에게도 큰 변화의 힘을 가져다 줄 것이라는 기대와 믿음으로 몇 가지 제언을 하고자 한다.

첫째, 비용절감 및 환경 존중에 기반을 둔 개발방식의 개선이다. 6대핵심사업에서 알 수있듯이 이제까지 JDC는 도민의 생활공간인 도시를 기반으로 하는 개발사업보다는 외곽지역을 대상으로 넓은 토지를 매입, 개발하여 분양하는 개발방식을 추진하여왔다. 이러한 개발방식은 토지 매입과 택지개발의 막대한 비용뿐만 아니라 경관과 환경훼손의 논란도 피해갈수 없는 문제이기도 하다. 특히 대규모 절토와 성토로 조성된 개발부지는 입주기관에도 새로운 조경저성비용의 증가와 개성있는 건축물 조성에 제약점으로 작용하는 등 문제점도 있다. 따라서 방대한 부지를 일시적이고 획일적으로 조성하기 보다는 부지를 단계별로 구분 개발하면서 지형의 큰 변형 없이 도로 등 기본 인프라만을 조성하여 수요자가 건축가이드라인에 따라 자유롭게 조성할 수 있는 부지 공급방식으로 개선하는 것이 생산적이지 아닐까 생각된다.

둘째, 제주도민의 삶의 질과 연계된 핵심 개발사업의 선도적 추진이다. 6대핵심사업 그 자체도 국제자유도시의 추진에 큰 의미를 갖기는 하지만 사람과 물류의 자유로운 이동이 보장되는 국제자유도시라는 큰 틀을 생각할 때 개발의 핵심은 도민의 생활공간인 도시에 있는 것이라 할 수 있다. 그렇기 때문에 제주도시가 안고 있는 현안 즉 원도심재생문제 등에 JDC가 적극적으로 개입할 필요가 있는 것이다. 이를 통해 도민의 삶의 질을 개선하고 아울러 국제적으로 통용될 수 있는 도시여건을 조성하는 두 가지의 목적을 달성할 수 있기 때문이다.

셋째, 지역건축을 재창출하는 발주방식의 개선이다. 제주도와 함께 JDC는 제주지역의 대형 공공건축물을 발주하는 주요기관이다. 공공건축물 발주를 통해 국제자유도시 조성의 중요한 수단으로 적극 활용할 필요가 있으리라 생각된다. 이를 위해서는 과업지시서의 질적 개선과 설계비용의 현실화와 아울러 건축물의 규모와 기능 등을 고려하여 단순히 입찰뿐만 아니라 공모설계와 지명설계 등 다양한 발주방식의 개선도 필요하리라 생각된다.

의식이 변해야 한다 04
- 우리 모두는 건축가다 -

　　몇년전 "나는 가수다"라는 방송프로그램 주목받은 적이 있다. 이 프로그램이 많은 사람들의 관심을 끌게 했던 이유는 소위 프로 가수들간의 치열한 경쟁과정 속에서 일반인들에 의해 평가되고 탈락되는 냉정함과 긴장감 같은 것을 즐길수 있다는 점과 이를 통해 더욱 세련되고 감미로운 대중음악을 들 수 있다는 점 때문일 것이다. 여기에는 공정한 평가와 치열한 경쟁, 풍부한 가창력이 절묘하게 어우러져있다. "나는 가수다"는 프로의 정신과 태도를 보여주는 좋은 사례라 생각된다.

　　과거 우리나라 대부분의 양반들은 땅에 대한 이해와 주변환경에 대한 수용과 철학등 건축설계의 기본적인 지식을 갖고 있었고 스스로가 설계하여 건축물을 짓기도 하였다. 그만큼 전문가였고 건축은 교양이었던 것이다. 그러나 우리사회에 비유해서 말한다면 건축 활동에 대한 공정한 평가와 인식, 의미있는 작품창출이 정착되었다고 평가하기 어려운 것이 현실이다. 특히, 현실사회의 건축가는 전문가적 철학과 실천적 태도로 노력하고 있다고 평가하기 어렵기도 하거니와 제대로 대우도 받고 있지 못하고 있다. 전문가로서의 건축가는 설계를 하는 직업만을 의미하는 것은 아니다. 건축가에 대한 넓은 의미는 시공자, 건축행정공무원, 구조와 설비와 엔지니어 등 많은 사람들을 포함된다. 현실을 들여다보면 조직의 전문성뿐만 아니라 직업철학과 개인 역량

단원 김홍도 "기와 잇기"

의 미비, 조직운영의 영세성, 과도한 덤핑과 경쟁 등 복합적이고 총체적인 문제를 안고 있는 것이 사실이다.

건축가는 디자인을 하는 전문가이다. 건축가가 추구하는 도시와 건축디자인은 근본적인목적은 형태Hardware를 디자인 하는 것이 아니라 우리의 생활Software을 디자인 하는 것이다. 생활을 수용할 수 있는 디자인이 되어야 하는 것이다. 도시 혹은 건축공간에서 어떠한 생활을 꾸려 나갈 것인가, 그래서 어떻게 운영할 것이고 관리할 것인가 라는 보편적인 생활디자인의 방향이 설정된 이후 본격적인 건축물을 만들어가는 것이다. 그래서 복잡하고 세심하고 많은 작업이 요구되는 전문직업인 것이다.

수공예 운동Art & Craft Movement을 주도하였던 윌리엄 모리스William Moris는 「궁극적인 예술의 가치는 건축에서 찾을 수 있다」고 하였다. 건축이 갖는 예술적 가치를 높이 평가한 것이며 건축가는 종합예술을 이끌어가는 문화리더라고 표현해도 과언이 아니다. 문화리더로서의 건축가는 이 시대에 무엇을 해야 할 것인지 신중하고 진지한 자기성찰을 통해 문화와 환경의 시대에 존중되는 프로건축가로 이제는 변화되어야 할 때이다. 설계사무소와 건축행정조직, 건설업체등은 조직의 전문성과 운영의 합리화를 위한 스스로의 노력이 필요하며 또한 문화예술을 이끌어간다는 직업적 철학도 새롭게 되새겨야 할것이다. 여기에는 건축 활동에 대하여 적절히 보상받고 대접받는 사회적 여건조성이 전제되어야 한다. 사회적 여건 조성을 위한 법률과 제도 개선도 있어야 할 것이고 관련조직의 협력체계도 더욱 강화되어야 할 것이다.

우리들 스스로가 "우리 모두는 건축가다"라고 이야기 할 수 있을 때 건축에 대한 애정과 프로건축가로서의 자긍심을 가슴깊이 느낄 수 있을 것이다. 감성 풍부한 우리의 생활공간을 디자인으로 창조해 나가는 프로건축가들의 노력과 지역사회의 지원과 관심이 절실한 시대이다.

그렇기 때문에 제주사회에서의 건축가와 건축역할이 더욱 중요할수 밖에 없을 것이다.

노벨 문학상 수상작가 르 클레지오는 제주를 "잔인한 냉전 역사 뒤로 삶의 욕구가 가득한 '향수'의 섬으로 표현하였다. "섬에는 우수가 있다. 이게 어디서 나오는지는 알 수 없다. 그것이 마음을 갑갑하게 만드는 이유다. 바다. 아마도. 게다가 모든 것을 물들이는 녹청의 색조. 제주에는 좀 더 강한 감정이 스며있다. 세계의 끝. 기지旣知의 것이 끝나는 쪽의 문, 태평양의 무한함과 지구에서 가장 많은 사람이 살고 가장 넓게 뻗은 대륙의 받침 그 사이에 서 있다." 참으로 감성적이고 함축적인 표현이다.

제주도는 섬이다.

단순하면서도 섬 문화를 잘 보여주는 독특한 그 무엇인가를 간직하고 있는 섬이다. 그 무엇이 바로 화산섬 제주의 지질학적 조건과 지형으로 인해 만들어지는 고유한 풍경이다. 그래서 아름다운 땅 위에 구축되어 왔던 전통건축은 특이하고 제주마을과 사회의 구성이 특별한 섬일 수밖에 없는 것이다.

그렇기 때문에 제주에서의 건축작업은 더욱 많은 노력과 세심함이 요구되고 있다. 2008년 5월 제주시 저지리 제주현대미술관에서 개최하였던 일본의 대표적인 건축가「小嶋一浩Kazuhiro Kojima + 赤松佳珠子Kazuko Akamatsu / CAt」건축작품전은 건축가의 건축작업에 대한 생각, 땅과 환경을 어떻게 수용하는가 고민과 철학을 잘 보여주는 것이었다. 주제가「Cultivate」였다.「Cultivate」의 단어는 기본적으로 농업과 관련된 경작한다는 의미의 단어이다. 건축가는 건축은 마치 경작하는 행위와 같다는 의미이다. 어떠한 형태로든 부지에는 오랜 시간적 흔적이 있을 것이고, 그 곳에는 자연스럽게 형성된 길도 있을 것이고 비바람을 견디고 성장해온 나무도 있을 것이다. 이런 흔적들을 깨끗이 정리해 버리고 새로운 건축물을 지으니 자연히 지역의 문화풍경이 사라지게 되고 과거와 현재가 혼재된 품위 있고 역사가 흐르는 도시가 되지 못하는 것이다. 우리나라 도시와 건축이 안고 있는 현실인 것이다. 건축작품전은 건축가의 작업과 건축이 갖는 사회적 가치와 문화적 가치의 중요성에 대하여 지역사회에 강한 메시지를 전달하는 계기가 되었다.

건축가의 노력과 건축이 지역사회를 변화시킨건 국내의 사례가 많다. 대규모 개발프로젝트만이 제주사회를 변화시키기에 한계에 이를 것 같다. 작지만 큰힘을 가진 건축을 통해 제주사회가 새로운 삶의 공간으로 변화되어야 할 것 같다.

작은것이 아름답다 05

개발의 필요성이 강조되는 만큼이나 제주다움, 혹은 제주답다는 표현을 자주 사용하고 있는 것이 사실이다. 지역의 정체성과 관련된 문제이기 때문이다. 「~답다」 혹은 「~다움」의 의미는 「남자답다」, 「대장부답다」라고 표현하듯 사물이나 대상물이 가진 어떠한 성격 혹은 특성을 외부적으로 표현되어 각인시키는 것이다. 따라서 「제주답다」 혹은 「제주다움」의 의미는 제주라는 지역이 지닌 성격이나 특성(문화, 역사, 삶 등)이 반영되는 일종의 종합적인 이미지, 종합적인 모습이라고 할 수 있다.

그렇다면 도시건축에서의 제주다움의 실현은 어떻게 해야 하는 것인가? 그 해법은 지극히 근본적인 것에서 찾아야 할 문제라고 생각된다. 그것은 「땅」, 「공간」, 「스케일」이다.
제주도의 「땅」은 특이하다. 화산섬이라는 제주 특유의 지질학적 특성과 제주의 땅이 가진 지형과 지세를 크게 훼손시키지 않은 것이 제주스러운 멋을 그대로 간직할 수 있기 때문이다.

「공간」은 제주 사람들이 오랜 경험과 철학적 사상이 녹아 스며들어 형성된 제주전통초가에 대한 이해이다. 즉 형태적 미학뿐만 아니라 공간적 미학으로 전개되어야 하는 것이다.

마지막으로 「스케일」의 문제는 기본적으로 제주의 건축물은 육지의 그것에 비해 크지 않다는 것이다. 이것은 바람과의 대응에 유리하기 때문이기도 하거니와 원풍경原風景이 되는 한라산과 오름과의 관계설정에 있어서도 조화로움 경관 이미지를 만드는 중요함 관계라고 할 수 있다.

지속적으로 최근 제주의 허파라고 할 수 있는 중산간 지역에 대한 개발정책과 사업이 추진되고 있어서 제주사회의 논란이 끊이지 않고 있다. 앞서 언급한 제주의 「땅」, 「공간」, 「스케일」의 개념에서 생각해 볼때 상당히 걱정스럽고 답답한 일들이 아닐 수 없다. 중산간 지역은 하천의 중류에 해당되는 중요한 부분일 뿐만 아니라 경관적 측면에서도 해안을 따라 형성된 거주지역의 배경이 되어 제주의 원풍경을 연출해 내는 중요한 경관자원이기 때문이다. 또한 50미터 높이라면 적어도 17층 정도의 스케일을 가진 건축물이어서 중산간의 땅, 지형조건을 고려할 때 제주의 스케일 감각에도 어울리지 않는 것이다.

땅, 공간, 그리고 스케일에 의한 지역 정체성을 갖고 있는 도시도 중요할 뿐만 아니라, 도시의 색깔을 보여주었던 스필버그 감독의 영화 "문휀", 도시가 갖고 있는 특징적인 소리를 소재로 한 "Lisbon Story" 영화에서 알 수 있듯이 도시의 색깔과 소리도 존재한다.

제주도의 색깔과 소리는 무엇인가? 대부분의 사람들은 유채꽃과 눈 덮인 한라산의 이미지가 강력한 만큼 노란색과 흰색이 제주의 특징적인 색깔이라고 생각할 것이다. 따스하고 인정미 넘치는 제주사람들의 마음과 같은 색이기도 하다. 그리고 제주의 소리는 역시 바람일 것이다.

작은 것은 아름답다. 여기에는 개성과 독특함이 존재하기 때문에 아름답기도 하고, 전체와의 조화를 이루기 때문에 아름답기도 한 것이다. 제주의 돌담은 작은 돌로 만들어지고 그것이 거칠지만 따스함을 간직한 돌담을 만들어 내기도 하며 바람의 구성을 만들어 내기도 하는 것이다. 돌담 밑에 피어난 꽃들도 수줍을 타듯이 작기 때문에 아름다운 것이다. 제주전통마을의 풍경 역시 작은 초가집들이 올망졸망 모여 있기 때문에 정감이 가는 것이다. 바람과 기후적인 조건 때문에 더욱 작을 수밖에 없는 것이다. 이것이 제주의 원풍경原風景인것이다. 큰 것을 만들고 세우기보다는 작은 것에 의한 지역의 정체성과 제주스러움의 미학을 찾으려는 행정당국의 고민이 필요할 때이다.

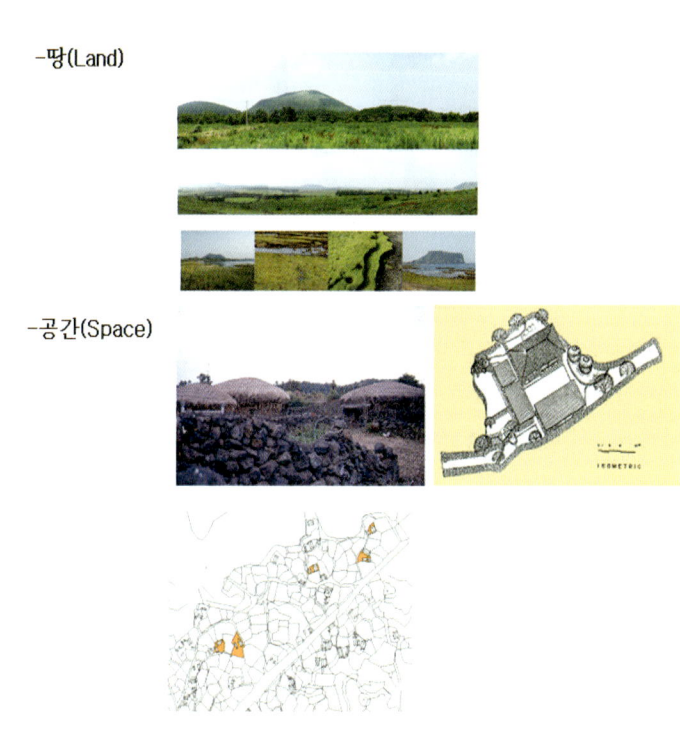

제주의 문화경관을 만드는 요소는, 「땅」, 「공간」, 「스타일」에서 찾을수 있을 것이다.

06 / 저출산고령화사회에 대비한 도시건축

　　현대사회의 흐름은 「정보화」, 「국제화」, 「고령화」로 표현하고 있다. 특히 고령화는 선진각국이 이미 오랜 전부터 경험하고 있는 공통적인 인구사회학적 현상으로 우리나라의 경우도 고령자를 위한 각종 사회복지서비스를 제공하기 위한 사회보장제도의 구축과 다양한 정책이 요구되는 시점에 직면해 있다. 즉 고령화는 단순히 고령자에 국한된 문제가 아니라 생산노동인구의 감소로 인한 생산력 저하, 연금 및 의료비용의 상승, 도시기능의 쇠퇴 등 복합적인 문제를 수반하기 때문이다. 특히 2020년은 우리나라가 고령인구 14%인 이른바 고령화사회에 진입할 것으로 예측되고 이 시점에 베이비붐세대가 60세의 고령층에 진입하게 되어 사회적 경제적 측면에서 큰 변화를 가져다 줄 것으로 예측되기 때문에 더욱 빨리 준비를 서둘러야 하는 것이다.

　　그러나 우리나라의 경우 사회복지적 차원에서의 고령화 문제를 다루고 있는 경향이 짙으며 도시적 차원에서의 접근에 대한 논의는 그다지 활발하지 못한 실정이다. 1970년초 이미 고령화사회를 경험하였던 일본의 경험을 통해 볼 때, 고령자를 위한 적절하고도 체계적인 도시주거환경을 서둘러 정비하지 못한다면 사회적 비용과 정책적 추진의 효율성에도 적지 않은 부담으로 되돌아 올수 있다는 점을 우리는 눈 여겨 보아야 할 것이다. 특히 복지행정분야와 달리 도시건축분야는 인프라구축을 위해 방

제주 '탐라순력도耽羅巡歷圖'의 제주양로濟州養老
제주목에 거주하는 80세 이상의 노인을 모시고
동헌東軒 앞에서 연회를 베푸는 모습

대한 예산이 투입되어야 하고 소요시간도 상당히 요구되기 때문에 저출산·고령화사회의 대비정책에 있어서 중요한 의미를 갖는 것이다. 이와 같은 이유 때문에 세계에서 가장 빠른 속도로 고령화사회가 진행되고 있는 일본보다 더욱 빠르게 진행되고 있는 한국의 저출산·고령화사회의 자화상을 그려보면서 우리의 여건에 맞는 지역복지의 구축과 주거환경의 정비를 추진해 나가야 할 것인가라는 물음에 대하여 도시계획에서의 큰 틀을 구상하고 이를 기반으로 건축복지학적 시각에서 효율적인 방안을 논의하고 모색하여야 하는 것이다.

노년기 생활 행복을 위해서는 친구와 시간을 활용하는 지혜, 죽음을 준비하는 이유를 가져야 한다는 충고의 글은 국가와 개인이 무엇을, 그리고 어떻게 준비해야 하는지 새삼 생각하게 한다. 즉 예순이나 일흔이 됐을 때 남편과 아내, 반려자가 있고 한 잔 나눌 친구가 적어도 한 명 있다면 행복할 것이고 또한 세상일에서 손을 떼고 하나 둘 주변을 정리하면서 죽음의 이유를 찾고 육체와 정신건강을 관리할 때 더욱 행복함을 찾을 수 있다는 것이다. 이를 굳이 도시건축과의 관련하여 언급한다면 친구를 통한 인적교류가 활발한 주거환경을 만들고 다양한 노년기의 삶의 욕구를 충족시킬 수 있는 지역내 복지시설의 환경, 그리고 오랜 경험의 지식을 나눌 수 있는 지역사회의 복지환경이라 할 수 있다.

　　그러나 우리의 현실은 이러한 행복을 느끼기에는 적지 않은 어려움에 직면해 있다. 고령자복지의 접근은 사회적 주거서비스의 보장차원에서의 고령자주택의 공급과 재가보호에 대한 복지시설확충 등이 역점을 두고 있는 것이 현실이다. 보편적 복지의 구현을 위해서는 이제까지의 주택정책과 복지정책을 탈피하여, 지역사회라고 하는 일상생활공간에서의 지역복지계획 및 지역 시설계획, 그리고 커뮤니티형성시점에서의 종합적 접근 방안이 절실히 필요한 시점에 놓여있다고 생각된다. 특히 이를 개선하기 위한 도시 및 건축계획에서의 고령자주거환경조성의 기본적인 개념은 지역정주 Aging in place, 그리고 쾌적한 환경에서 안심하고 거주할 수 있는 물리적 환경의 조성과 적절한 서비스를 제공받을 수 있는 지역복지 community care 시스템의 구축이라고 할 수 있다. 21세기의 주요 이슈가 되고 있는 다세대, 다문화와의 공존과 공유 이념을 기반으로 하는 실천적 도시건축행정에서의 장단기주거환경계획수립과 실천을 통해 저출산·고령화사회의 패러다임 전환이 필요할 때이다.

제주를 구할 7가지
– 자전거, 공공도서관, 한라산, 곶자왈, 돌, 저층건축물, 올레옛골목길 –

"지구를 살리는 7가지 불가사의한 물건"라는 책이 주목 받은 적이 있다. 저자 존라이언은 7가지 물건들이 지구환경, 나아가 우리들의 생활무대인 도시공간을 어떻게 변화시킬수 있는가에 대하여 논의의 주제를 다루고 있다는 점은 매우 흥미롭다. 자세히 들여다보면 이들 7가지 물건들 즉 자전거, 콘돔, 천장선풍기, 빨랫줄, 타이국수, 공공도서관, 무당벌레가 갖는 특별한 의미를 이해할 수 있을 것 같다. 이들의 기능은 각각 탄소배출을 억제한다는 점, 질병을 억제한다는 점, 불필요한 세제사용을 억제한다는 점, 비만을 억제하고 건강을 유지한다는 점, 그리고 지식과 함께 책을 제공함으로서 불필요한 자원소비를 억제한다는 점, 살충제 사용을 억제한다는 점이다.

세계적인 관광지를 지향하며 발전해온 제주는 중국관광객의 숫적 증가 속에 호황속의 깊은 불황, 소득수준을 비롯한 삶의 질 저하, 경쟁력의 약화 등 어려움에 직면해 있거나 직면할 가능성이 높다. 지금 세계의 유명도시는 창의도시, 문화도시 등을 지향하며 끊임없는 변화를 시도하며 도시의 경쟁력과 활력소를 모색하고 있다.

그렇다면 제주는 어떻게 대응해야 할 것인가? 관점을 바꾸어 같은 맥락에서 제주를 구할 7가지도 생각할 수 있지 않을까? 필자의 생각으로는 제주의 문화적, 역사적, 생태적 상징성과 대표성을 고려할 때 자전거, 공공도서관, 한라산, 곶자왈, 돌, 저층건축물, 올레길옛 골목길을 꼽고 싶다.

먼저, 가장 친환경 교통수단으로 평가받는 자전거는 많은 예산투입에도 불구하고 정착되지 못하였다. 그러나 도외 지역에 비해 지형의 굴곡이 많은 제주지형의 특성을 고려해서 1~2킬로미터 범위를 사용권역으로 조정하여 자전거 중심의 생활공간으로 정비한다면 사업의 효율성과 최소한의 환경수도 기반은 구축할 수 있을 것이다. 둘째 항목인 공공도서관도 중요한 사항이다. 소규모 지역도서관은 초등학생에서 성인에 이르기 까지 다양한 계층의 통합과 문화기반조성뿐만 아니라 자원절약으로 이어지는 전략도 가능할 것이다. 셋째항목인 한라산은 더욱 중요한 의미를 갖는다. 후지산이 일본의 자존심으로 받아들여지듯이 한라산은 제주의 자존심이자 대한민국의 자존심이다. 그렇기 때문에 유일무이의 한라산은 정복의 대상이자 관광의 대상이기보다는 생명의 원천이자 존중의 대상이며 제주의 생명력을 갖게 하는 생태 보고寶庫이기 때문이다. 넷째 항목인 곶자왈도 그러하다. 다섯째 항목은 돌문화이다. 제주사람들의 다양하고 지혜로운 삶의 흔적들이 바로 올레담, 밭담 등의 돌문화이며 아름다운 제주의 땅위에 수놓은 인간 활동의 흔적이자 독특하며 오묘하고 깊은 의미를 내포하고 있는 제주만의 독특한 풍경을 연출하기 때문에 중요한 것이다. 여섯째 항목인 올레길도 그러하다. 관광지로서의 제주 이미지를 새롭게 변화시킨 올레길이 평가되고 있듯이 도시와 마을에 남겨진 옛 골목길도 향후 제주를 새롭게 변화시킬 중요한 자원이 될 것이다. 마지막으로 저층건축물이다. 제주의 전통건축은 육지의 그것에 비해 크지 않다. 궁극적으로 저층건축물은 원풍경이 되는 한라산과 오름과의 관계 등 궁극적으로 자연환경을 존중하면서 쾌적한 생활환경을 조성할 수 있는 수단이자 제주다움을 유지할 수 있는 수단중의 하나이다.

문화와 환경의 가치가 우선시 되는 이 시대에 조심스럽게 필자가 제시한 7가지가 제주를 변화시킬 작은 희망이 되리라 기대해 보며 먼 훗날 새로운 모습의 제주를 꿈꾸는 것도 즐거운 일이라 생각해 본다.

친환경 건축 육성이 미래다 08

기계문명과 인본주의 사상이 지배해 온 20세기 인류문명은 과다한 인공환경의 확대를 가져왔고 인간과 환경의 유기체적 삶의 연결을 파괴하는 결과를 초래했다. 오늘날 인간은 어쩔 수 없이 인공화 된 도시환경에 적응하며 살아가면서도 자연으로의 복귀를 지향하는 심리, 생리적 욕구를 지니고 있다. 또한 동양적 세계관이 수용된 유기체적 세계관이 발달하면서 인간 대 자연의 대립이라는 서양의 이원론적 사고는 인간을 자연의 한 부분으로 인식하는 생태학적 패러다임으로 바뀌게 되었다.

이런 변화 속에 최근 공간디자인 분야에서는 자연에 동화된 환경의 창조를 돕는 디자인 영역을 에코디자인Eco design이 주목받고 있다. 에코디자인은 물리적, 기술적인 측면에서의접근을 통해 인간이 환경을 보호한다는 차원에서 시작되어 생리, 심리적인 측면에서도 인간과 환경이 함께 호흡하는 것을 돕는 차원으로 발전해 가고 있다.

에코디자인의 중요성은 균형을 잃은 자연환경의 영향력을 회복시키는 것이다. 즉 기계적이고 인공성이 강한 도시인의 생활환경을 자연을 인식시키는 디자인 환경으로 구성함으로써 인간에 대한 자연의 영향력을 회복시키며 이러한 회복은 다시 자연에 대한 인간의 왜곡된 행동과 영향력을 수정시킬 수 있다는 점에서 의의가 크다고 할 수 있다.

녹색산업시장은 이러한 에코디자인의 개념과 철학에서 근간을 둔 것이며 미래사회에서의 국가와 도시 경쟁력으로 이어질 수 있는 중요한 부분으로 자리 잡아 갈 것으로 예상된다.

생태도시. 친환경도시를 추구하는 제주도의 경우, 제주 발전전략의 큰 틀 속에서 구체적인 추진방향을 모색해야 하며 단기적으로는 건축적 레벨에서의 추진, 장기적으로는 도시적 레벨에서의 추진 전략이 구체화되어야 하는 것이다. 우선 공공건축물을 중심으로 친환경 건축모델화 사업을 추진하면서, 장기적으로는 친환경도시 조성으로 연계 추진될 수 있도록 도시계획차원에서 적극적으로 반영할 필요가 있는 것이다. 이는 친환경 건축에서 친환경 도시라는 점点적인 차원에서 확산되어 면面적인 차원에서 친환경 건축의 개념을 확대한 것이며 한정된 업무환경의 차원을 벗어나 일상적인 생활환경, 거주환경으로 정착을 꾀하고자 하는 것이다.

이러한 의도가 정착되기 위해서는 다음과 같은 구체적인 로드맵 작성이 필요하다고 생각된다.

  첫째, 설비중심에서 공간디자인 중심의 친환경 건축물 인증기준과
     관련사업 추진
  둘째, 에너지 절약 기술의 개발과 응용설계기법 개발
  셋째, 실증단지를 통한 기술적용과 축적
  넷째, 친환경 건축기준과 인증제 도입
  다섯째, 도시를 기반으로 하는 친환경의 구축
  여섯째, 공공건축물의 사회적 기여에 대한 검토가 중요하다고 할 수 있다.

일본 쿄토京都의 상업시설사례 　　　독일 프라이브르크Freiburg의 주거단지사례

특히 공공건축물의 사회적 기여는 중요한 의미를 갖는데 친환경 건축화 모델사업 추진에 대해서는 행정기관 자체 발주공공건축물을 친환경 건축화하는 방안으로 추진되는 것도 효율적이라 생각된다.

뒤돌아보면 제주도는 기후변화대응 시범도로 지정되었으나 정책과 사업에서는 가시적인 성과는 없다. 에너지를 둘러싸고 세계 각국의 치열한 경쟁 속에서 친환경을 생명으로 하는 제주도는 미래를 위해 무엇을 해야 할 것인지, 그리고 기후변화대응문제, 친환경 생활조성문제, 그리고 녹색도시조성 문제에 대하여 진지하고 심각한 고민을 해야 할 때이다. 이제 제주도의 미래는 친환경도시와 친환경건축물 육성을 통해 삶의 질을 높이면서도 제주의 고유풍경이 관광 자원화되고 또한 에너지사회에 효율적으로 대응하기 위한 큰 꿈을 어떻게 꾸며 어떻게 실천해 나가는가에 달려 있다고 해도 과언은 아닐 것이다.